基于碳中和的有机垃圾热解特性及效应研究

张尚毅 等 著

U0287509

科学出版社

北京

内 容 简 介

利用生活垃圾中的有机组分热解制取热解炭，是一种有利于环境保护的垃圾处理技术。本书探索有机垃圾热解炭特性及土壤环境效应，以期为建立有机垃圾热解工艺、热解炭结构特征、热解炭土壤环境行为关系、热解的经济效益等奠定基础，为有机垃圾热解技术的应用提供技术支持。同时，书中还进一步阐明有机垃圾热解炭加入土壤后，可以实现减排固碳，减少土壤温室气体排放，提高土壤效力。

本书可供从事环境学科与工程、土壤学、农学、地球化学等方面工作的专业技术人员、科研人员、高校师生参考使用。

图书在版编目（CIP）数据

基于碳中和的有机垃圾热解特性及效应研究/张尚毅等著. —北京：科学出版社，2023.10
　ISBN 978-7-03-076604-5

Ⅰ. ①基…　Ⅱ. ①张…　Ⅲ. ①有机垃圾-高温分解-特性-研究　Ⅳ. ①X705

中国国家版本馆 CIP 数据核字（2023）第 190406 号

责任编辑：董　墨　李　洁/责任校对：郝甜甜
责任印制：吴兆东/封面设计：蓝正设计

科学出版社 出版
北京东黄城根北街 16 号
邮政编码：100717
http://www.sciencep.com
北京中科印刷有限公司印刷
科学出版社发行　各地新华书店经销
*
2023 年 10 月第　一　版　开本：720×1000　1/16
2024 年 5 月第二次印刷　印张：12 3/4
字数：260 000
定价：168.00 元
（如有印装质量问题，我社负责调换）

主 要 作 者

张尚毅　刘国涛　董梦杭

序

我与尚毅亦师亦友，时常在一起闲话。对尚毅的感觉有这么几点：一是勤奋好学。尚毅是我在学术生涯中见到的非常努力的一个人，不仅在于他所热爱的经济理论，还有与我的专业一致的环境工程，并且在这方面有专利，可想而知他有多么勤奋。二是精力过人。尚毅在哲学、理论物理、历史学、文学等多方面都有所涉猎，尤其是文字功底很深，曾专职做过文字类的工作，并且成为行业精英，我一直在想他怎么有那么多的时间来学习，并且时刻保持着旺盛的精力。三是视野广阔。同尚毅闲话时总有那么一种感觉，他不仅语言很丰富，而且对于自然万物，对于学术知识，对于人生百态，甚至对于世界各地，都有着向往的感觉。也正因此，听闻尚毅说要出这么一本与碳中和相关的跨经济领域的书，就很想去看。

由于本人从事环境工程这个专业，对这些年兴起的碳中和及相关领域有着比较强的兴趣，碳中和显然不能归因于某一次的零排放，而是从一个时段来衡量排放与吸收的均衡，因此从这点来看，就不能只是简单地将碳中和限制为控制碳排放，而应该利用工程技术手段来促进一个时段的零排放。本书正适合我自己这样一种思想，因此，对于这本书的书稿，我反复进行阅读，感觉到基于碳中和这个想法，利用工程技术手段特别是对于生物质进行热解处理的技术，对于实现碳中和目标有着比较强的参考与实践意义。

热解技术虽然并不是一个新的技术，但是对生物质中有机垃圾的处理来说却是一个开端。目前，生物质能已经成为第四大能源，而且是具有零排放性质的能源。从全球范围来看，很多国家与地区在生物质能方面有着很大的作为，甚至在很大程度可以用生物质能来替代传统的化石能源。一些发展中国家如巴西也在这方面有很大作为。巴西盛产甘蔗，如何利用甘蔗渣生产生物质能就是一个较好的探索，巴西已经全面掌握了纤维素生产乙醇技术，并且以国家立法的形式投入使用，且其价格远低于目前石油价格。

该书从碳中和研究入手，逐渐涉及生物质能，渐进到同为生物质的有机垃圾的处理，并从环境工程技术的角度提出将有机垃圾变废为宝的办法，不得不说有其独到之处。这项技术如果能够实现产业化，不仅在有机垃圾的处理上有了一个更为环保且具有明显经济意义的办法，还对环境工程专业的研究人员具有借鉴意义，该书可以为构建一个与碳汇交易相关的且极有价值的产业链提供助益。

碳中和属于比较宏观的生态方面的概念，而环境工程则更为重视相对微观的技术。作为环境工程方面的研究人员，我有时就相对忽视这些方面的有机联系，很少涉及将相对微观的环境工程技术运用于比较宏观的生态领域。该书正好将两者有机结合起来，这确实有令人眼界为之一开的感觉。环境工程技术重在解决微观层面的环境问题，粗看起来与生态问题不相干，但深入思考却会发现环境问题的解决大多与生态问题相关。该书就是从宏观的生态问题中的碳中和入手，引入微观性的热解这个环境工程技术，最后回归到具有宏观性的经济效益问题上。同时，为了使环境工程技术扎实有据，该书在主要章节对相关技术试验进行了详细阐述，这也使得该书更具有坚实的技术性基础，使得宏观性的生态问题可以运用微观性环境工程技术加以解决，更为具体可行、可操作，这些也无疑使人们看到环境工程专业发展的另一个可以有作为的方向。

人类经济社会发展始于生物质能，兴于化石能源，但又将回归生物质能，这有点螺旋上升的意思，也有人类认知不断深化的意思。随着人类文明的进展，人类越来越认知到自己与自然本是一体，通过破坏自然的方式来发展经济是不可持续的，最终会受到自然的报复。

回到前面所说的人类对能源的利用，始于生物质能又回归于生物质能。因此，对生物质中废弃物进行有效处理，就不仅是环境问题，更是生物质能利用的问题。从这个角度来看，该书从碳中和出发研究如何处理生物质中的废弃物，并最终从经济角度思考这个问题，就不仅仅是环境工程技术问题，也不仅仅是促进碳中和目标实现问题，更是一个关系到人类文明的延续问题，如此看来，该书就具有更为广阔的意义，这也就是为什么我开篇就说，尚毅具有开阔的思想与视野。

彭绪亚

2022 年 6 月 8 日

于重庆大学虎溪校区

前　言

碳中和指在规定时期内，CO_2 的人为移除与人为排放相抵消，根据联合国政府间气候变化专门委员会（IPCC）定义，人为排放即人类活动造成的 CO_2 排放，包括化石燃料燃烧、工业过程、农业及土地利用活动排放等；人为移除则是人类从大气中移除 CO_2，包括植树造林增加碳吸收、碳捕集等。2015 年达成的《巴黎协定》提出，到 21 世纪末把全球平均气温较工业化时期上升的幅度控制在低于 $2℃$，最好不超过 $1.5℃$。世界气象组织（WMO）报告显示，截至 2021 年，全球平均气温较工业化前上升了 $1.1℃$，如果要实现碳中和必须减少以 CO_2 为主体的温室气体排放，同时从大气中捕集 CO_2。

从全球范围来看，利用好生物质是实现碳中和的有效途径。生物质是通过光合作用形成的各种有机体，生物质不同于石化燃料，具有零碳排放甚至负碳排放的特性，也是效率极高的燃料。生物质范围非常广泛，包括农业废弃物、木材和森林废弃物、城市有机垃圾、藻类生物质以及能源作物等，目前世界上一些国家和区域组织如美国、巴西、欧盟等在生物质能利用上已经取得了良好的效果。生物质能作为第四大能源之一，不仅推动了绿色能源发展，而且有助于碳中和目标的实现。在各类生物质中城市有机垃圾比较特殊，容易污染环境且处理费用极高。有机垃圾可以作为生物质材料，要实现有效利用，变废为宝，一个重要的办法就是通过对有机垃圾以及与其他生物质材料、非生物质材料进行热解，进而实现有机垃圾资源化和能源化，这样既能够达到固碳、减少碳排放的目标，又能有效防止有机垃圾对环境的污染。

利用生活垃圾中的有机组分热解制取热解炭，是一种有利于环境保护的垃圾处理技术。但城镇生活垃圾组分复杂，对有机垃圾进行热解，其过程难以控制，性质难以预测。同时，对有机垃圾进行热解所得到的固相产物，即热解炭，加入土壤后，对土壤改良与固碳减排的机理缺乏系统了解，制约了有机垃圾热解技术的应用。针对这些问题，本书以生活中有机垃圾为对象，开展有机垃圾热解炭特性及土壤环境效应的研究，以期为建立有机垃圾热解工艺、热解炭结构特征、热解炭土壤环境行为关系、热解的经济效益等奠定基础，为有机垃圾热解技术的应用提供技术支持。

根据典型生活垃圾组分特征，本书选取厨余、纸屑、竹木和布织物生物质原料，以及非生物质材料塑料构成 5 类组分，按其在混合垃圾中的比例，设计单组分、两组分、三组分、四组分和五组分的批次热解试验，系统研究各个组分和热解温度（500～800℃）对热解炭形成过程及其性状的影响。在此基础上，通过盆栽及静态箱栽培实验，检测这些生物质材料在不同终温下形成的热解炭以及不同热解炭添加量对土壤 pH、阳离子交换量、有机质、铵态氮、硝酸盐氮和总氮等理化性质的影响。同时，通过观测以生物质为主体形成的热解炭添加进土壤后，土壤中的 CO_2 和 N_2O 等温室气体的排放通量，研究这些以生物质为主体的有机垃圾热解炭对土壤固碳减排的效果，并通过 Illumina 高通量测序技术，研究以这些生物质为主体的有机垃圾热解炭添加进土壤后对土壤理化性质的影响，以及对微生物群落产生的作用。与此同时，通过比较深入的研究，分析出以这些生物质为主体形成的热解炭在应用中的经济效益，进而明确对有机垃圾进行热解的技术指向。

在研究分析的基础上，辨识以这些生物质为主体形成的热解炭的孔隙结构。在 500～800℃热解温度下，比较 5 种单组分有机垃圾热解炭的比表面积，得出竹木>布织物>纸屑>厨余>塑料，显然生物质材料形成的热解炭的比表面积有明显优势，且其热解炭的孔径为 1.9～10.9 nm，表现为中孔结构，这为生物质热解炭的利用提供技术支持。布织物、竹木和纸屑热解炭的比表面积、微孔体积随热解温度的升高而增大，平均孔径随热解温度的升高而减小。不同组分混合垃圾热解存在交互影响，但布织物、竹木和纸屑等生物质材料混合热解，热解交互影响并不明显，热解炭的孔隙结构表现为单组分热解的简单加和，体现出生物质热解后的共性特征，厨余、塑料与布织物、竹木和纸屑的物质结构不同，热解炭的孔隙结构受热解交互影响较为明显。

在研究分析的基础上，辨识以这些生物质为主体的有机垃圾热解炭表面化学性质。纸屑、布织物、厨余等生物质材料单组分热解炭的芳香性随热解温度的升高而逐渐增强；竹木热解炭芳环官能团数量随热解温度的升高而逐渐减少；塑料热解炭的芳香性随热解温度的升高先增强后减弱，700℃时达到最大。以生物质为主体的有机垃圾热解炭表面元素主要有 C、O、N、Cl、Ca、Si、Na 和 K 等。其中，C 含量最高，且随热解温度的升高总体呈上升趋势，其固碳效应非常明显。O、N 的含量随热解温度的升高而降低，Cl 的含量相对稳定，受热解温度的影响较小。混合垃圾热解的芳香性随热解温度的升高呈增强趋势，各单组分热解炭官能团在组合组分热解炭中均有所反映。

在研究分析的基础上，辨识有机垃圾热解三相产物分布及其化学组成，总体上以这些生物质为主体的热解三相产物都具有明显的经济效益。随热解温度的升高，整体趋势是热解炭的产率降低。与热解炭的情况相反，随热解温度升高，气体的产率升高。焦油的产率则与形成的热解炭和气体不同，总体情况是在 600℃产率达到最高。在热解炭中，C 含量为最高，O 含量次之；O、H、N 的含量随热解温度升高而降低；S、Cl 的含量相对稳定，受热解温度的影响较小。有机垃圾热解焦油主要成分包括烷烃、烯烃、酚、醇、醛、酮、酯、单环芳烃、多环芳烃（PAH）以及一些杂环化合物，这些物质都可以用作化工原料。在 500～800℃的热解温度下，焦油 C、H、O 的含量分别为 74.49%～83.42%、 7.32%～11.61%、6.27%～10.85%，N、S、Cl 的含量相对较低，含固率为 0.75%～1.29%，含水率为 18.43%～26.11%。有机垃圾热解气化学成分主要包括烷烃、烯烃、炔烃、CO_2、含 S/Cl 气体等。烯烃含量为 61.0%～70.0%，烷烃含量为 25.0%～36.0%，是热解气的主要组成成分。结合傅里叶变换红外光谱（FTIR）和 X 射线光电子能谱（XPS）的试验结果，分析 C 在热解过程中的转化途径。

在研究分析的基础上，辨识有机垃圾热解炭对土壤理化性质与温室气体释放的影响。将热解终温为 600℃、700℃、800℃的热解炭按 0.5%、1%和 2%的比例施入土壤，经过 36 周的培养，其结果表明，热解炭能促进土壤 pH 提高，添加相同热解终温的热解炭，添加量越大，土壤 pH 增加越大；热解炭的热解温度越高，对土壤 pH 的提升效果越明显。添加热解炭后，土壤阳离子交换量（CEC）随时间的变化与 pH 类似，但总体较 pH 的变化相对滞后。添加热解炭提高土壤有机质含量，热解炭的热解温度越高，对土壤有机质含量提升的效果越好，更有利于提升农作物产量。添加 1%和 2%的热解炭试验组有机质与对照组有机质在0.05%的水平上有显著差异。添加以这些生物质为主体的热解炭的土壤 CO_2 排放通量较对照组降低 13.57%～54.77%，说明生物质热解后形成的热解炭添加进土壤以后，可以有效降低温室气体排放，实现减排的目标，进而为碳中和做出贡献。热解炭除能降低土壤中 CO_2 外还可以减少温室气体中更为有害的气体，如添加热解炭的土壤 N_2O 排放通量为 22.19～80.16μg/（$m^2 \cdot h$），较对照组降低 18.54%～77.45%；添加热解炭的量越大、热解温度越高，土壤 CO_2、N_2O 排放通量减少越显著。因此，从这些结果可以明显看到，对这些生物质类有机垃圾进行热解，热解产物不仅自身能起到固碳减排作用，而且在添加进土壤以后还可有效减少土壤中温室气体排放，对碳中和具有双重意义。同时，以这些生物质为主体的有机垃圾热解后的热解产物添加进土壤以后，还有助于土壤有机质含量的提升，而有机质含量的提升可以减少化肥施用量，在减少成本的情况下提高农作物产量，切实增加经济效益。

在研究分析的基础上，辨识有机垃圾热解炭对土壤微生物群落的影响。将热解终温为 700℃的热解炭按 1%、3%和 5%的比例施入紫色土，经过 1 年的培养，其结果表明，3%和 5%的热解炭添加量显著提高紫色土的有机质含量和总氮含量，显著降低紫色土中细菌的 α 多样性。试验紫色土共鉴定出细菌 42 门、642 属，其中主要的 6 个菌门为变形菌门、酸杆菌门、拟杆菌门、放线菌门、绿弯菌门和芽单胞菌门，它们总的相对丰度为 83.7%～94.3%。热解炭添加增加变形菌门和放线菌门的相对丰度，降低酸杆菌门和绿弯菌门的相对丰度。热解炭添加对多个主要菌属的相对丰度产生影响，相对丰度 1%及 1%以上的菌属有 105 个。土壤细菌群落结构变化的部分原因在于热解炭的添加效应直接影响土壤理化性质，使土壤的可耕作性得到提高。

这些方面的研究结果表明，对以生物质为主体的有机垃圾进行热解，可以有效地促进有机垃圾的固碳减排作用，减少土壤有害气体的排放。同时，也可以通过将热解碳加入土壤中，切实改良土壤的结构，提升土壤有机质含量和有益农作物菌类的数量，进而可以在减少化肥施用量的基础上提升农作物产量，还可以间接减少化肥生产中的碳排放。同时，这些方面的研究成果也可以运用于家庭生活垃圾的原位处理，减少生活垃圾的二次污染以及实现生活垃圾原位固碳化，这对中国实现碳中和目标无疑具有非常明显的经济意义和社会意义。

张尚毅

2023 年 5 月

目　　录

第1章 有机垃圾热解有效促进碳中和

1.1 引　言

碳中和是个相对比较新的名词，它是基于怎样的背景提出来的，以及碳中和的目标指向哪个方向，这是人类共同且必须面对的问题。纵观近代以来的三次产业革命，均存在改变生产方式、提高生产效率的共同点。在每次产业革命中，那些具备领先优势的国家大多通过产业革命进入世界前列。碳中和极有可能成为第四次产业革命，扭转前三次产业革命不断增加碳排放的局势，成为人类发展史上一个十分重要的转折点。碳中和核心的一点就是，总体上保持全球温度的稳定。如果要将全球温升稳定在一个给定的水平，"净"温室气体排放需要总体上下降到0，也就是排放进入大气的温室气体与从大气体中吸收的温室气体量值之间达到平衡，而这一平衡通常被称为中和（neutral）或净零排放（net-zero emissions），碳中和概念由此而来。

碳中和（carbon neutral）概念始于1997年，由来自英国伦敦的未来森林公司（后更名为碳中和公司）首度提出，指家庭或个人以环保为目的，通过购买经过认证的碳信用来抵消自身碳排放，未来森林公司也为这些用户提供植树造林等减碳服务。1999年，苏·霍尔（Sue Hall）在美国俄勒冈州创立名为"碳中和网络"的非营利组织，旨在呼吁企业通过碳中和的方式实现潜在的成本节约和环境可持续发展，并与美国环境保护署（Environmental Protection Agency，EPA）、自然资源保护协会（Natural Resource Defence Council，NRDC）等机构共同开发"碳中和认证"和"气候降温"品牌。经过若干年的推广，碳中和概念逐渐大众化，2006年《新牛津美国词典》将"carbon neutral"一词评价为年度词汇。

碳中和虽然是一个比较新的词语，但如果把与碳中和相类似的气候问题、总碳排放等一起来考虑，碳中和就不是一个新鲜的词语，而是已经有一百多年历史的概念。在人类进入工业化以后，不断增加的持续性碳排放直接提升大气 CO_2 浓度，形成的温室效应使地球温度不断升高，进而影响到整个地球气候，形成了各种气候灾害。目前，虽然应对气候变化已经成为国际共识，但是这也有着一个比较长期的演进历程。早在19世纪人们就已经注意到气候变化中的温室效应，但直到21世纪才形成全球碳中和的目标共识。

气候变化从研究到国际共识达成经历了一个多世纪。1824 年，法国学者傅里叶（Fourier，1768—1830）就提出"温室效应"概念。1938 年，英国气象学家卡林达（Kalinda）在分析 19 世纪末世界各地零星观测资料后发现，CO_2 浓度比 19 世纪初上升了 6%，且存在全球变暖趋势，这一发现引起国际社会极大反响。1958 年，美国斯克里普斯海洋研究所在夏威夷冒纳罗亚火山 3400m 处建立了 CO_2 含量观测站，观测发现 1958 年大气中的 CO_2 含量为 315 ppm[①]左右，且有季节性变化，主要是由北半球大陆植被变化引起的。1972 年 6 月，第一届联合国人类环境会议在瑞典举行，各国政府首次共同讨论环境问题，并提议重视工业温室气体过度排放造成的环境问题。1979 年 2 月，在日内瓦召开的第一次世界气候大会（first world climate conference，FWCC）上，"气候变暖"议题被正式提出。图 1-1 为 2010～2020 年中国及全球碳排放量统计图。

图 1-1 2010～2020 年中国及全球碳排放量统计图

具有标志意义的是联合国政府间气候变化专门委员会的成立。1988 年，世界气象组织和联合国环境规划署（United Nations Environment Programme，UNEP）共同成立联合国政府间气候变化专门委员会，从科学证据、适应与减缓、政策措施等方面对气候变化进行科学评估，并于 1990 年、1995 年、2001 年、2007 年、2014 年发布五次报告，"气候变化"逐步为国际社会所接受。1992 年《联合国气候变化框架公约》达成，提出到 21 世纪末将地球温度变化控制在 2℃以内，同时描述了控制温室气体排放的路线图，即到 2050 年全球化石能源燃烧排放的 CO_2 比 1990 年减少 50%，发达国家比 1990 年减少 80%～85%。1997 年《京都议定书》达成，提出将大气中的温室气体含量稳定在一个适当的水平，确定了在 2010 年使全球温室气体（GHG）排放量比 1990 年减少 5.2%的行动目标，并在 2050～2100 年实现全球碳中和的目标。同时，还明确了三种减少温室气体排放的市场机

———————

① 1 ppm=10^{-6}。

制，即市场交易机制（market trading mechanism，MTM）、联合减排机制（joint emission reduction mechanism，JERM）、清洁发展机制（clean development mechanism，CDM）。

2015 年 12 月 12 日，《联合国气候变化框架公约》近 200 个缔约方在巴黎气候变化大会上一致同意通过了《巴黎协定》，为 2020 年后全球应对气候变化行动做出了安排。在《巴黎协定》开放签署首日，共有 175 个国家签署了这一协定，创下了国际协定开放首日签署国家数量最多纪录。《巴黎协定》提出将全球平均气温较前工业化时期上升幅度控制在 2℃以内，并努力将温度上升幅度限制在 1.5℃以内的目标，要求所有缔约方按共同而有区别、各自能力等原则自愿减排，提交面向 2030 年国家自主贡献的强化目标计划，并制定面向 21 世纪中叶的国家低排放发展战略，奠定加强气候变化应对行动与国际合作的基础，这在一定程度上为全球确定了碳中和目标。

碳中和目标的确定，使全球各个国家和地区都面临着如何在碳排放与经济增长之间的抉择。客观来说，在不改变现有能源结构的情况下，经济发展速度与实现碳中和目标的难易程度成反比。经济越是快速发展，向大气中排放的包括 CO_2 在内的温室气体越多，就越难实现碳中和目标。自工业革命以来，由于温室气体持续递增性排放到大气，温室效应使得全球气温升高。根据世界气象组织的统计数据，2020 全球平均气温比 1850～1900 年的基准温度高出了约 1.2℃，碳中和目标的提出就与全球温度上升密切相关。2018 年 10 月联合国政府间气候变化专门委员会甚至发布报告，明确呼吁各国在工业、能源、建筑、运输和城市以及土地利用等领域展开快速而深远的改革行动，为实现把升温控制在 1.5℃以内而努力。2022 年 5 月联合国警告说，全球平均气温约有 50%的概率在未来 5 年中的其中一年暂时突破碳中和关口，即比工业化以前的水平高出 1.5℃。为此，世界气象组织秘书长彼得里·塔拉斯说："这项研究……有着很高的科学水平……表明，我们明显正在接近暂时达到《巴黎协定》设定的较低目标的境地。"

从全球范围来看，要实现碳中和目标主要依靠经济发展大国，这些国家的碳排放占据了全球碳排放总量的绝大部分。这些国家控制和减少碳排放总量，对全球实现碳中和目标非常关键。控制和减少碳排放，首要的目标是尽早实现碳达峰。碳达峰指 CO_2 排放总量在某一个时间点达到历史峰值，之后总体趋势平缓并逐渐回落。要实现碳中和目标，这是一个绕不过去迫切需要解决的问题。人类应对气候变化的关键在于控制碳排放总量，唯一的路径是先达到碳达峰，然后实现碳中和目标。从全球范围来看，截至 2021 年 3 月底，已有 54 个国家完成碳达峰目标，约占全球碳排放总量的 40%。其中，欧洲大部分发达国家早在 1990 年前后实现了碳达峰，主要原因是在这个时间点这些国家已经完成了工业化和城镇化进程，工业领域和基础设施建设领域等高排放行业处于饱和状态。考虑到国际社会普遍认同在 21 世纪中叶实现碳中和，这些已经实现了碳达峰的国家就有一个比较长的准备时间，距离其提出实现碳中和目标的时间有 60 余年，因此，这些国家在朝向碳中和目标的道路上可以有着更为从容的抉择。

联合国政府间气候变化专门委员会发布的《全球升温 1.5℃特别报告》特别强调，只有在 21 世纪中叶实现全球范围内的净零碳排放——碳中和目标，才有可能将全球变暖幅度控制在 1.5℃以内，从而减缓气候变化带来的极端危害，为此，世界各国纷纷提出各自的碳中和目标与时间计划。《巴黎协定》旨在通过全球共同努力，将未来升温控制在 2℃以下，避免温升造成全球性洪涝、水短缺等灾害。2016 年气候分析组织发布的报告《〈巴黎协定〉对电力行业煤炭消费的警示》指出，现有和在建的燃煤电厂装机容量已达 23.08 亿 kW，CO_2 排放达 3140 亿 t，比最优成本情境下煤炭在全球碳预算所占比例高出 2.5%。也正是基于这些方面的评估，联合国环境规划署发布的《2019 年排放差距报告》指出，当前各国的减排雄心与实际行动所产生的结果并不相称，与把全球变暖幅度控制在 1.5℃以内的目标要求之间存在较大差距。为此，2020 年 12 月在《巴黎协定》达成五周年之际，联合国及有关国家倡议举办了气候雄心峰会。联合国秘书长古特雷斯呼吁各国领导人"宣布进入气候紧急状态，直到本国实现碳中和为止"，敦促各国采取更有效的措施降低温室气体排放以应对全球气候环境变化，进一步动员国际社会加强气候行动与推进国际合作。联合国政府间气候变化专门委员会为避免气候变化造成的极端灾害带来的不利影响，按照 1.5℃温升路径要求，明确提出在 2050 年左右实现 CO_2 净零排放，在 2070 年左右实现温室气体净零排放。在联合国政府间气候变化专门委员会发布的《全球升温 1.5℃特别报告》还指出，实现 1.5℃温控目标有望避免气候变化给人类社会和自然生态系统造成不可逆转的负面影响，而这就需要全球共同努力在 2030 年实现净人为 CO_2 排放量比 2010 年减少约 45%，在 2050 年左右达到净零排放。

长期气候承诺的实现，依赖于各阶段各行业减排目标的达成。因此，将碳中和目标行动分解到各个时间各个阶段和行业各个层面对碳中和目标的实现至关重要。在分时间分阶段目标方面，大多数承诺国在碳中和文献中重申了国家自定贡献（nationally determined contribution，NDC）承诺中的 2030 年减排目标，但《2019 年排放差距报告》指出，各国 NDC 的完全实施仍将在 2030 年与 1.5℃目标要求之间产生 290 亿～320 亿 t CO_2 当量的排放差距。这意味着碳中和目标的实现，需要各国提出更具雄心的中期减排目标，而目前仅有一些碳中和行动中较为积极的发达国家做出了这方面的努力（表 1-1）。

《全球升温 1.5℃特别报告》对相关概念进行了明确定义，其中，净零排放与气候中和的定义并不完全等价，这是因为气候中和是从对气候系统的影响出发，而净零排放则是从排放角度进行定义，零排放与零影响之间并不等同。首先，温室气体净零排放并不等同于气候净影响为零。虽然温室气体排放是人类活动对气候变化的最大贡献源，但并不是唯一来源。其他人类活动如城市化、植被改变与破坏等也会改变地表反照率并对气候系统产生影响。其次，气候中和并不必然要求温室气体净零排放。对于 CH_4 等短寿命温室气体，有研究表明稳定的短寿命温室气体排放并不会导致新的气候影响，因此气候中和只要求短寿命温室气体排放达到稳定，而不必要求其达到零排放。最后，在核算温室气体净零排放时，需要采用一些衡量不同温室气体增温能力的指标对非 CO_2 温室气体进行换算与加总，这些指标包括全球增温潜势（global warming potential，GWP）、全球温变潜势（global thermotropic potential，GTP）等。

表 1-1　世界各国碳中和目标和行动统计

目标表述及对应国家/区域组织数目[1]	国家/区域组织	包含气体范围	是否包含国际抵消	IPCC表述定义
气候中和（4个）	挪威	未明确	是（2030年）否（2050年）[2]	指人类活动于气候系统没有净影响的一种状态，需要在人类活动引起的温室气体排放量、排放吸收量（主要是CO_2）以及人类活动在特定区域导致的生物地球物理效应之间取得平衡
	丹麦	GHGs[3]	未明确	
	斯洛伐克	GHGs	未明确	
	匈牙利	GHGs	未明确	
净零排放（9个）	马绍尔群岛	GHGs	未明确	指人类活动造成的GHGs排放与人为排放吸收量在一定时期内实现平衡
	加拿大	GHGs	是	
	新西兰	GHGs（除生物CH_4）	是	
	英国	GHGs	未明确	
	哥斯达黎加	未明确	未明确	
	新加坡	GHGs	未明确	
	韩国	未明确	未明确	
	爱尔兰	未明确	未明确	
	南非	未明确	未明确	
净零碳排放（3个）	斐济	未明确	未明确	指人类活动造成的CO_2排放与全球人为CO_2吸收量在一定时期内达到平衡
	瑞士	GHGs	未明确	
	西班牙	未明确	未明确	

续表

目标表述及对应国家/区域组织数目[1]	国家/区域组织	包含气体范围	是否包含国际抵消	IPCC表述定义
碳中和 （5个）	不丹	CO_2、CH_4、N_2O	未明确	指人类活动造成的CO_2排放与全球人为CO_2吸收量在一定时期内达到平衡
	冰岛	未明确	未明确	
	智利	GHGs	未明确	
	葡萄牙	GHGs	未明确	
	中国	未明确	未明确	
其他表述 （3个）	德国（温室气体中和）	GHGs	未明确	—
	瑞典（净零温室气体排放）	GHGs	是	
	乌拉圭（净负排放）	CO_2、CH_4、N_2O	否	
多表述混用 （5个）	法国	GHGs	未明确	指同时采用以上多种表述作为长期减排目标
	芬兰	GHGs	未明确	
	欧盟	GHGs	未明确	
	奥地利	未明确	未明确	
	日本	GHGs	未明确	
提出中和目标但暂无目标详细信息来源的其他国家 （57个）	其他欧盟成员国（16个）：比利时、保加利亚、塞浦路斯、克罗地亚、捷克、爱沙尼亚、希腊、意大利、拉脱维亚、立陶宛、卢森堡、马耳他、荷兰、波兰、罗马尼亚、斯洛文尼亚；	—	—	—
	非欧盟成员国（41个）：安提瓜和巴布达、阿根廷、巴哈马、巴巴多斯、伯利兹、贝宁、佛得角、科摩罗、库克群岛、多米尼克、多米尼加共和国、埃塞俄比亚、密克罗尼西亚、格拉纳达、圭亚那、牙买加、基里巴斯共和国、黎巴嫩、马尔代夫、毛里求斯、墨西哥、摩纳哥、纳米比亚、瑙鲁、尼加拉瓜、纽埃、帕劳、巴布亚新几内亚、萨摩亚、塞舌尔、所罗门群岛、南苏丹、圣基茨和尼维斯、圣卢西亚、圣文森特和格林纳丁斯、苏里南、东帝汶、汤加、特立尼达和多巴哥、图瓦卢、瓦努阿图	—	—	—

注：1）表中信息更新时间至 2020 年 10 月 31 日；2）挪威提出在 2030 年包含国际抵消实现气候中和，2050 年通过国内减排实现气候中和（不包含国际抵消）；3）GHG 指温室气体，包括二氧化碳（CO_2）、甲烷（CH_4）、氧化亚氮（N_2O），以及含氟气体（F-gas）。

1.2　全球碳中和状况

人类进入文明时代以来，如何利用能源一直是直接关系发展前途的一个重大问题。三次产业革命，均以碳排放持续增加为基本特点，这是因为在推进产业化发展的过程中人类持续性地使用煤炭、石油等作为能源，而煤炭、石油在使用过程中排放出大量的温室气体特别是 CO_2，这样的发展模式必然导致温室气体排放的持续累积性升高。根据联合国环境规划署《2020 年排放差距报告》，2019 年 GHGs 排放量约为 524 亿 t CO_2 当量（各温室气体按温室效应大小统一折算为 CO_2）。CO_2 为温室气体的主要成分，其排放量约占 GHGs 排放总当量的 65%～80%。因此，要实现碳中和并实现经济的可持续发展，需要加快电、光伏、储能、电力电子等技术进步和规模化发展，使之成为能源行业碳中和的突破口。

根据国际能源机构（International Energy Agency，IEA）的数据，由于碳中和相关技术的发展，2019 年全球能源生产产生的 CO_2 排放量维持在 330 亿 t 的水平，同比没有出现增长，而同年全球经济增长 2.9%，这表明存在可以同时实现降低污染和经济增长的能源技术。基于此，近年来，与碳中和相关的国际组织以及企业家社区相继成立，如 2017 年由 16 个国家及 22 个城市建立的碳中和联盟（carbon neutral confederation，CNC），2019 年在柏林成立的"气候行动领导人"企业家社区，推动碳中和作为国家层面的发展理念得到国际深化。截至 2021 年 4 月，已经有超过 130 个国家和地区提出了"零碳"或碳中和的气候目标。这些基本与联合国提出的在 21 世纪中叶左右实现碳中和的目标相一致。美国总统拜登在 2021 年 2 月 19 日的慕尼黑安全会议线上特别会议中发言说，他将于 2021 年 4 月 22 日世界地球日主持有关气候问题峰会，推动包括美国在内主要温室气体排放国采取更具雄心的举措。2021 年 2 月 19 日美国国务卿布林肯在一份声明中说，《巴黎协定》是"一个前所未有的全球行动框架"，该协定有助于避免灾难性的地球变暖，并在全球范围增强应对气候变化影响的能力。同一天，美国总统拜登说，气候变化和科学外交不再是美国外交政策讨论中的"附属品"，应对气候变化带来的现实威胁和听取科学家的建议将是美国内政外交政策的重中之重。2021 年 1 月 20 日，拜登就任总统首日签署行政令，宣布美国将重新加入应对气候变化的《巴黎协定》。美国拜登政府上台后签署文件重回《巴黎协定》，这意味着占全球 GDP 总量 75%、占全球碳排放量 65%的国家都步入了碳中和轨道。

联合国提出在 21 世纪中叶左右实现碳中和的目标，得到了世界大部分国家的响应，目前已经有少数国家实现了碳中和乃至负碳，这些国家包括不丹和苏里南。不丹于 2018 年实现碳中和。不丹是位于中国和印度之间喜马拉雅山脉东段南坡的一个内陆国家，总面积为 3.84 万 km^2，人口数量为 76.5 万人，水力发电是其经济的重要组成部分，约 72%的水电售于印度。1974 年不丹实行对外开放，旅游业发展成为不丹的又一重要支柱。从不丹的经济结构来看，不丹的经济对煤炭、石油的需求量很少，不丹基本上实现了碳中和甚至"负碳"排放目标。苏里南于 2014 年实现碳中和目标。苏里南位于南美洲北部，北濒大西洋，南临巴西，东临法属圭亚那，西临圭亚那，是南美洲国家联盟的成员国，国土面积为 16.38 万 km^2，人口数量为 55.3 万人。苏里南铝土矿资源十分丰富，矿业是苏里南的主要产业，同时森林面积占其总面积的 95%，这些使得苏里南在碳排放量相对较少的情况下，对 CO_2 吸收量却相对较大，所以苏里南也成为碳中和目标实现的国家。

随着《京都议定书》《巴黎协定》《格拉斯哥气候公约》等法规的签订和生效，世界各国陆续做出了碳减排承诺，并提出了实现碳中和的时间表。

1.2.1 中国的碳中和

中国作为较早提出碳中和目标的国家之一。根据联合国政府间气候变化专门委员会的定义，碳中和表示在特定时期内，全球人为 CO_2 排放量与 CO_2 移除量相平衡的状态。这将涉及两方面：第一个是不断加大力度，减少人为 CO_2 的排放量；第二个是针对无法减少的碳排放，将通过植树造林、植被恢复增加碳吸收或利用 CO_2 捕集、利用与封存技术（CCUS）等进行碳移除。碳中和主要涉及碳汇、节能、减排、能源电力和非电力能源 5 个领域。

2015 年 9 月，中美发表了《气候变化联合声明》，并宣布建立"中国气候变化南南合作基金"。2017 年启动了全国碳排放交易市场，为《巴黎协定》达成提供了政治解决方案。2015 年 11 月，中法发表《气候变化联合声明》；同年 11 月 30 日，中国在巴黎大会开幕式上提出要构建人类命运共同体，以创造一个各尽所能、合作共赢、奉行法治、公平正义、包容互鉴、共同发展的未来，为确保《巴黎协定》的如期达成提供了政治推动力。2016 年 9 月 3 日二十国集团领导人杭州峰会前夕，中美共同向潘基文秘书长交存两国各自参加协定的法律文书。中国在推进实现碳中和方面的努力得到了世界广泛的认可，时任联合国秘书长潘基文表示，如果没有中国的努力，就没有《巴黎协定》。中国强调《巴黎协定》的达成是全球气候治理史上的里程碑，不能让这一成果付诸东流。2018 年，在二十国集团领导人布宜诺斯艾利斯峰会上，中国号召各方本着构建人类命运共同体的责任感，推进气候变化应对。联合国秘书长古特雷斯高度赞赏中国政府为推动《巴黎协定》实施细则谈判取得成功所发挥的重要领导作用。

2017 年 6 月 1 日，美国发表了要退出《巴黎协定》的决定，表示美国即日起停止执行《巴黎协定》的非约束性规定。在美国退出《巴黎协定》后，主要经济体能源与气候论坛机制被取消。作为替代，中国、欧盟、加拿大联合建立了主要国家加强气候行动的部长级会议机制。

2021 年，国务院 2 月 22 日印发《关于加快建立健全绿色低碳循环发展经济体系的指导意见》，绿色低碳经济作为顶层设计得到正式部署。考虑到碳排放总量并不能公平地反映一国的排放水平，应将人均碳排放量作为统一评价标准，2020 年全球人均碳排放水平约为 4.35t，与 2019 年同期相比略有降低。但是中国以煤炭为主的化石能源仍占一次能源消费的 85%，能源消费现状具有高碳强度、高能耗的特点，实现碳中和目标挑战巨大。中国 2018 年与世界前十大碳排放国、世界均值和经济合作与发展组织（Organisation for Economic Cooperation and Development，OECD）国家在单位能耗碳排放、碳排放强度和单位国内生产总值能耗方面相比，尚处于高耗能、高碳排放水平，与世界先进水平还存在较大差距。

根据荣鼎集团（Rhodium Group）的报告，中国 2019 年的温室气体排放达到 140.93 亿 t CO_2 当量，但中国的人均排放量低于发达国家。相关数据显示，中国 2019 年的人均 CO_2 排放量为 10.1t，略低于 2019 年经济合作与发展组织成员国的人均 10.5t 的平均水平，明显低于美国 17.6t 的人均排放量。

电力行业碳排放量占比 46%，是主要的碳排放行业。因此，实现碳中和目标的首要任务便是实现电力行业的低碳绿色发展。事实情况也确实如此，近些年来中国水电、风电、太阳能发电量逐年增加，智研咨询发布的《2021—2027 年中国水力发电产业发展动态及前景战略分析报告》数据显示，2020 年中国水电发电量为 1.3552×10^{12}kW·h，其在可再生能源发电量中占比约为 61.19%。可见，当前及未来较长时期内水电在清洁能源中仍处于主导地位，这点也如苏里南所表现出来的那样，中国将水电作为清洁能源革命的压舱石，大力推进水、风、光一体化开发建设，形成水、风、光、电互补，进而优化能源结构，这是实现碳中和的有效途径之一。

由于碳排放的影响，一个国家的实际经济增长可能低于绿色经济增长，也即考虑了环境效应的影响。如按照 2018 年的年排放计算，中国和欧盟作为总排放第一和第三、人均排放第四和第五的排放大国/地区，占全球总排放的 36%。应用数据包络分析（data envelopment analysis，DEA）方法在不考虑环境污染和排放的情景下，中国全要素生产率年均增长率为 2.3%，而采用环境生产函数方法考虑环境影响和排放因素后，中国绿色全要素生产率年均增长率仅为 1.15%。由此可见，中国推进减排，实现碳中和对经济社会发展具有的意义还是非常大的

中国在碳中和方面取得了明显的效果，履行了对国际社会的承诺。2019 年中国非化石能源占一次能源消费比例达 15.3%，其中可再生能源占一次能源消费比

例达 13.1%。煤炭消费占比由 2005 年的 67%降低到 57.7%，下降了 9.3 个百分点。煤电占比 60.8%，较 2005 年下降了 17.2 个百分点，可再生能源电力由 2005 年的 16.1%上升到 27.9%，提高了 11.8 个百分点，废水可再生能源的贡献率高达 85%。从能源结构来看，中商产业研究院研究数据显示，2019 年中国能源消费总量为 48.6 亿 t 标准煤，较 2010 年 36.1 亿 t 标准煤增长 34.6%。2019 年，全国一次能源消费结构中，煤炭、石油和天然气占比分别为 57.7%、18.9%和 8.1%，其中，石油和天然气的对外依存度分别为 71%和 43%，非化石能源占比为 15.3%。2019 年碳排放强度，即单位国民生产总值（GNP）的增长产生的 CO_2 排放量比 2005 年降低了 48.1%。中国的绿色能源战略已经使中国成为世界上最大的太阳能发电和风能发电国。中国在光伏、水电、风电和热能领域已与超过 100 个国家展开合作，而与"一带一路"相关国家的可再生能源项目投资额每年维持在 20 亿美元以上。中国作为可再生能源制造业大国，拥有全球 70%的光伏产能和 40%的风电产能，能够而且必须利用好窗口期大力推动可再生能源相关产业链走出去，世界范围内的能源转型引发了一场关于最佳技术的全球竞赛。

如果没有技术革命，中国碳汇总量预计就在 15 亿 t 左右。15 亿 t 碳排放仅是目前量的 1/6 左右，这也就意味着远期化石原料的消费量将非常有限。然而，按照目前的技术水平，光伏、风电、核电等新能源仍有一些情况难以应对，仍然需要天然气甚至煤炭之类更灵活的能源。此外，虽然石油排放只有煤炭的 1/3，但要实现大幅减排的难度却非常大。2019 年中国原油加工约 7 亿 t，其中汽油、柴油消费 2.7 亿 t，煤油燃料油消费 0.7 亿 t，剩余各种产品包括化工品、沥青、液化气等共 3.6 亿 t，这些消费最终都成为碳排放，要在一个比较短的时期迅速降低其在能源消费中的占比，可以说非常困难。

可以预见，中国碳中和之路将是艰巨的。从技术路线图上看，这个过程不会是线性的，而是一个逐步加速的过程。中国需要充分借鉴国际经验，在未来 5～10 年，优先推动重点排放行业和经济基础较好的地区率先实现碳达峰并进入下行区间。与此同时，加大对关键清洁技术的支持力度，加强碳排放核查、立法规范等制度性建设。

1.2.2　欧洲的碳中和

欧盟在《欧洲绿色协议》中率先提出了构建碳中性经济体的战略目标，升级了战略能源技术规划（set-plan），启动了"研究、技术开发及示范框架计划"，构建了全链条贯通的能源技术创新生态系统。德国、英国、法国等分别组织了能源研究计划、能源创新计划、国家能源研究战略等系列科技计划，突出可再生能源在能源供应中的主体地位，抢占绿色低碳发展制高点。欧盟推进碳中和有时间优势，欧盟成员国普遍在 1990 年左右达到温室气体排放峰值，即实现了碳达峰。由于发展中国家以及一些发达国家对碳排放的控制不力，到了 2010 年，全球碳排放总量不仅没有减少，反而比 1990 年增长近 46%，全球实现碳中和的目标十分艰巨。早在 20 世纪 90 年代，欧盟就曾为中国开展节能培训，力求推动中国可再生能源产业发展。2000 年，欧盟与中国制定了"能源与环境合作计划"，优先将清洁煤、能效、新能源与可再生能源等作为合作方向，在该计划下 2008 年启动重点耗能行业能效水平对标管理项目，极大助力中国实现"十一五"期间单位 GDP 能源消耗降低 20% 的目标。2013 年"中欧绿色智慧城市"合作启动，2015 年起"中欧绿色和智慧城市奖"设立，欧盟城镇应对气候变化的经验已为中国提供重要参考。2018 年，欧盟与中国签署《中华人民共和国和欧洲联盟关于为促进海洋治理、渔业可持续发展和海洋经济繁荣在海洋领域建立蓝色伙伴关系的宣言》，在海洋绿色产业、公海保护、北极治理等问题上协调立场。2020 年 9 月中德欧领导人会晤提出建立环境与气候高层对话，打造中欧绿色合作伙伴关系。2021 年 2 月时任欧盟副主席蒂默曼斯与时任国务院副总理韩正共同启动这一机制，双方就开展气候大会与生物多样性大会相关合作、共促全球绿色复苏等议题深入交换意见。多年来中欧已开展持续、稳定的绿色产业合作。

欧盟在氢能、塑料回收、海上风能等方面领先全球，但锂电池推广多年才发展得差强人意，而中国在燃料电池、锂电池、陆上风能等方面都令人瞩目，但循环经济尤其是塑料回收的潜力仍有待挖掘。在中国力争碳中和的过程中，锂电池、塑料回收以及其他循环经济产业的中欧合作都值得期待。

《巴黎协定》生效后，欧盟担当了世界碳减排行动领导者的角色。从整个欧洲情况来看，北欧国家的碳排放强度较低、人均 GDP 较高。北欧 5 国都已制定碳中和目标，其中瑞典于 2017 年 6 月承诺 2045 年实现碳中和。2019 年 6 月，英国新修订的《气候变化法》生效，成为七国集团（G7）第一个承诺 2050 年实现碳中和的国家。法国和德国继英国之后很快宣布了 2050 年实现碳中和的目标。据统计，在全球提出了碳中和目标的国家中，欧盟中大多数成员国将其碳中和时间定在 2050 年。在主要的国家和经济体中，对于实现碳中和时间，瑞士计划在 2045 年，冰岛和奥地利计划在 2040 年，芬兰计划在 2035 年。这些国家通过积极发展低碳经济，并制定有效措施开展气候治理与国际合作。当然，要将碳排放完全降至零排放很难实现，碳排放中多余的部分将通过林业和生物固碳等方式进行抵消，通过碳中和的方式实现大气中的温室气体含量相对稳定。

在碳中和目标年方面，以欧盟为代表的欧洲发达国家普遍提出以 2050 年为目标年，而芬兰、冰岛等北欧国家在碳中和行动中表现得更为突出，把目标年提前到 2035～2040 年。欧盟 2019 年碳排放量比 1990 年减少了 23%。在减少碳排放过程中，欧盟重点通过"公正转型机制"实现减排。例如，欧盟拿出了 75 亿欧元的"公正转型基金"，这些基金撬动了超过 1000 亿欧元投资。同时，欧盟着力打造"公正转型平台"量身定制转型计划，以便为减少碳排放而不得不转行的人员提供新的就业与保障机会。欧盟自 2015 年以来建设循环经济，2018 年起即致力于打造"全球首个'气候中和'大陆"，并于 2019 年底通过了《欧洲绿色协议》，力求引领全球应对气候变化，实则直指绿色产业竞争力与绿色规则制定权。例如，德国将可再生能源和能效作为转型战略的两大支柱，实施"弃核""弃煤"并推动高比例可再生能源；法国则开始降低核电比例，推动可再生能源与核电并重发展。欧盟提出将强化其 2030 年减排目标，由相比于 1990 年减少 40% 提升到 55%，这将进一步加速欧洲减排以及碳中和目标的实现，如挪威就通过更新 NDC 文件将 2030 年减少碳排放的目标，从相比于 1990 年减排 40% 提升到至少 50%，并拟向 55% 的减排方向努力。

为了推进碳中和目标的实现，欧盟在 2019 年 12 月就通过一项新的可持续增长战略——"欧洲绿色投资和公正过渡机制"，计划投资至少 1 万亿欧元使欧洲在 2050 年成为第一个碳中和大陆。2020 年 7 月 21 日，欧洲理事会发布了下一代欧盟经济复苏方案，将应对疫情危机与之前的可持续增长战略相连接，将 7500 亿欧元中的 30% 用于绿色支出，包括减少对化石燃料的依赖、提高能源效率、加大对环境和生态的保护等。欧盟刺激计划预计在未来 10 年增加 1% 的 GDP，创造 100 万个就业岗位，同时通过投资循环经济，增加 70 万个就业岗位。几个欧洲国家也表示将以可持续的方式进行疫情后的重建。2020 年 6 月，德国发布国家氢能战略，确认了绿氢的优先地位，将 1300 亿欧元刺激资金中的 1/3 用于公共交通和绿氢开发等领域。随后欧盟公布酝酿已久的《欧盟氢能战略》，在未来 10 年内将向氢能产业投入 5750 亿欧元。法国为其航空公司提供了 110 亿美元的紧急援助，以帮助其在 2024 年实现减排 24% 的目标。丹麦拨款 40 多亿美元用于社会住房的改造，以增加绿色就业岗位。英国启动了 440 亿美元的清洁增长基金，用于绿色技术的研发。英国还明确要建立伦敦和利兹两个全球绿色金融与投资中心，未来其他各国也将逐步建立绿色金融信息资讯中心、碳金融交易中心、绿色衍生品中心等。

1.2.3　美国的碳中和

美国是发达国家，也是现今唯一的超级大国，其经济总量位居全球第一。2021 年美国 GDP 总量达到 23.03 万亿美元，人均碳排放相对较高，为此，美国迟至 2007 年才实现碳达峰。在特朗普担任美国总统期间，美国于 2017 年 11 月正式退出《巴黎协定》，成为唯一退出《巴黎协定》的缔约方。《巴黎协定》于 2015 年

12 月在巴黎气候变化大会上达成,是《联合国气候变化框架公约》下继《京都议定书》后第二份有法律约束力的气候协议。美国退出《巴黎协定》,停止实施其"国家自主贡献",停止对绿色气候基金捐资等出资义务。对于美国退出《巴黎协定》的行为,国际社会及国际法专家普遍认为,这将极大地损害全球环境治理的公平、效率和成效,严重破坏全球气候治理与国际气候合作。美国不再履行资金援助承诺,使得发达国家每年 1000 亿美元的出资目标难以实现,增大了应对气候变化资金的缺口,削弱了发展中国家应对气候变化的能力,也会迟滞全球气候治理的进程。

拜登当选美国总统后,在讲话中提出了美国要重回《巴黎协定》,其基本要求就是美国要提出碳中和的时间表和路线图。这意味着全球气候治理形势以各国做出碳中和承诺以及美国重返《巴黎协定》为标志,再度开启新格局。而以美国为代表的北美国家和地区的人均碳排放显著高于其他国家,美国也提出到 2035 年通过向可再生能源过渡实现无碳发电,到 2050 年实现碳中和目标,并计划拿出 2 万亿美元用于基础设施、清洁能源等重点领域的投资。

美国众议院 2020 年 6 月公布了美国 2050 年实现碳中和的路线图,同时也为碳中和提出了增加投资的相关计划。截至 2020 年 7 月,各国政府宣布的财政刺激方案总额接近 12 万亿美元,是 2008 年国际金融危机时刺激支出的 3 倍多。各国的刺激规模从 260 亿美元到 3 万亿美元不等,而美国为 3 万亿美元,是所有国家中最多的,但美国的计划中涉及环境和气候领域不多,这可能影响到美国碳中和目标的实现。美国于 2001 年退出《京都议定书》,但仍取得了明显的碳减排效果,美国将减排目标修正为比 2005 年减排 17%,到 2019 年实际减排 15.5%。

拜登当选美国总统后在讲话中提出美国要重回《巴黎协定》,提出碳中和的时间表和路线图,从而使占全球 GDP 总量 75%、占全球碳排放量 65%的主要国家开始迈上碳中和之路。

拜登当选美国总统后追求"2050 年净零温室气体排放"的美国与"到 2050 年打造首个'气候中和'大陆"的欧盟在绿色发展方面积极联手。2020 年 12 月发布的《全球变局下的欧美新议程》已明确传递美国在碳中和方面的期待,明确欧美应并肩与其他伙伴一起领导世界,迈向绿色、循环、竞争与包容的经济。欧盟希望与美国一起就绿色贸易与绿色金融密切合作,还要共同打造建立在经验与知识基础上的"绿色技术联盟"。该联盟旨在开拓领先市场,便利清洁与循环技术合作,如可再生能源、电网规模的储能、电池、绿氢,以及碳捕集、利用与封存等,同时为了推动碳中和相关技术与产业的发展,美国还与欧洲成立了相关合作机构来共同推进,如"美国欧盟能源委员会"可支持上述工作。

美国还将加强与欧洲在全球环境气候治理领域的互动，如欧盟鼓励美国加入联合国《生物多样性公约》，希望与之联合打击森林砍伐，保护海洋，并引领绿色融资，尤其是《巴黎协定》规定的 2025 年前由发达国家资助给发展中国家的 1000 亿美元上，美国要有所作为。根据联合国环境规划署发布的《2019 可再生能源投资全球趋势报告》，2010~2019 年，美国以 3560 亿美元可再生能源投资额位居第二，中国以 7580 亿美元位居榜首，日本以 2020 亿美元位居第三。美国虽然一度退出《巴黎协定》，但为可再生能源的投资行为、为全球减排做出了实实在在的贡献，也为拜登政府实现碳中和打下了一定的基础。

1.2.4　其他国家的碳中和

在实现碳中和目标上，发展中国家中的小岛屿国家以及最不发达国家，如斐济、马绍尔群岛等国家的目标年也集中在 2050 年。2020 年 7 月，在欧盟宣布碳中和计划之前，已有 30 多个国家宣布碳中和目标，包括墨西哥、马尔代夫等。此后，日本、韩国也接连提出碳中和目标，其中，日本在"技术强国"整体思路下，早在 2017 年就发布了氢能源基本战略，力求掌控产业链上游、压缩核能并发展新能源如氢能技术，致力于加强太阳能、氢能和碳循环等重点技术领域的研发与投资。韩国的"数字和绿色新政"计划投入 73.4 万亿韩元支持节能住宅和公共建筑、电动汽车和可再生能源发电。

日本、韩国提出了 2050 年碳中和目标，加上之前已经提出该目标的加拿大、新西兰、南非等，使得占全球近 70%的 CO_2 排放国家在走向实现《巴黎协定》目标的路径上，而且这些国家中相当一部分是发达国家，在零碳技术的供给上占据了主导地位。可以展望，国际社会已经开始走向实现《巴黎协定》2℃温升目标的路径上，甚至是其 1.5℃温升目标的路径上，展示了国际社会一起努力实现一个有力度的气候变化减缓目标的愿景。

与此同时，中东国家由于其经济对石油的依赖性，大量出口石油的中东国家对《联合国气候变化框架公约》提出的 1.5℃温升目标极力反对，这些国家中有一部分并没有提出碳中和目标。但是中东国家有着非常良好的可再生能源资源，使其有望将可再生能源转为更加便宜的能源。从目前情况来看，全球 198 个国家和 38 个地区中，也只有 130 多个国家提出了碳中和目标，其余国家和地区尚未提出类似目标，这样计算起来大约有 100 个国家和地区没有提出碳中和目标。由于提出碳中和目标国家的经济总量及碳排放水平占据比较大的权重，因此从全球的情况来看，碳中和目标愿景实现是可期的。

按照联合国政府间气候变化专门委员会的定义，有些国家需在目标年实现 CO_2 的净零排放。然而，并没有国家明确指出其目标覆盖的排放仅包括

CO_2。除了未明确气体范围的国家，法国、芬兰、葡萄牙、智利等国虽以碳中和为目标，但在政策表述中都围绕温室气体展开。斐济则根据自身发展水平，设定了 4 种不同情景，并提出在最高强度减排路径下实现能源部门的 GHGs 净零排放。乌拉圭的碳中和目标则包括 CO_2、CH_4 和 N_2O，也并非只有碳排放。由此可见，这些国家对碳中和的定义与联合国政府间气候变化专门委员会的定义并不相同，其目标中都用碳代指包括 CO_2 在内的温室气体。先行者欧盟最为激进，旨在到 2050 年实现"气候中和"。

通过对各国向《联合国气候变化框架公约》秘书处提交的长期温室气体低排放发展战略以及其他公开资料进行调研，对 85 个国家的碳中和目标承诺的相关信息进行分类，其中包括非欧盟的 58 个国家和欧盟 27 个成员国。这些国家 2016 年 CO_2 排放共计 162.61 亿 t，温室气体排放共计 204.51 亿 t CO_2 当量，分别占全球的 44% 和 41%。截至 2020 年 10 月 31 日，包括欧盟、加拿大等在内的 29 个国家或组织以纳入国家法律、提交协定或政策宣示的方式正式提出了碳中和或气候中和的相关承诺；57 个国家目前仅以口头承诺等方式提出中和目标，未给出目标的详细信息。国际能源机构统计，2019 年，全球电力和热力生产行业贡献 42% 的 CO_2 排放，工业、交通运输业分别贡献 18.4% 和 24.6%。

《巴黎协定》中并没有提出碳中和或气候中和的目标，但其第四条提出要在 21 世纪下半叶，在人为源的温室气体排放与汇的清除量之间取得平衡，这一目标对应于净零排放。加拿大将在其他国家实现的 GHGs 减排也计入本国的减排当中。在新西兰，由于农业是最大的温室气体排放来源，因此净零排放的范围没有包括生物 CH_4。2018 年全球温室气体排放总量约为 553 亿 t CO_2 当量，预计到 2030 年，全球排放总量将达到 520 亿～580 亿 t CO_2 当量。要实现温升控制在 1.5℃ 以内的目标（不超过 1.5℃ 或超出很少），必须在 2030 年前明显降低全球温室气体年排放总量（250 亿～300 亿 t/a CO_2 当量）。2019 年中国能源消耗总量为 48.6 亿 t 标准煤，单位 GDP 消耗的能源一直处于持续下降的趋势，到 2019 年平均每亿元 GDP 需要的标准煤能耗已经降至 0.55 万 t。美国总统拜登上任一周，即通过签署行政命令的方式设定"到 2050 年净零（温室气体）排放"（net-zero green house gas emissions）的目标。

根据联合国政府间气候变化专门委员会《全球升温 1.5℃ 特别报告》词汇表，气候中和、碳中和、净零排放三个概念的区别如表 1-1 所示，可以看出，"气候中和"考虑多重影响，"净零排放"包括所有温室气体，"碳中和"只与 CO_2 有关；在目标设定上，欧美国家和地区高于亚洲国家和地区。总体上来说，要实现碳中和目标，全球还需要更多的努力。

1.3   碳中和中的生物质能

生物质能作为重要的可再生能源，同样是国际公认的零碳可再生能源，具有绿色、低碳、清洁等特点。生物质能通过光合作用产生的有机体即以生物质为载体，将太阳能以化学能的形式储存，是唯一一种可再生碳源。生物质来源极其广泛，包括农业废弃物、木材和森林废弃物、城市有机垃圾、藻类生物及能源作物等，不一而足。生物质能具有可再生性、低污染性、分布广泛、易于取材等优势。据统计，全球生物质能总量为 545.2GT，其中陆地植物为 450GT、动物为 2GT、真菌为 12GT、细菌为 70GT、古菌为 7GT、原生生物为 4GT、病毒为 0.2GT。显然，陆地植物生物质能占了绝大部分，约为 82.54%，这也是最可利用的生物质能。人类历史上最早使用的能源是生物质能。而所谓生物质能，就是太阳能通过光合作用储存 CO_2，转化为生物质中的化学能，即以生物质为载体的能量。它直接或间接地来源于绿色植物的光合作用，可转化为常规的固态、液态和气态燃料，取之不尽、用之不竭，是一种可再生能源，同时也是唯一一种可再生的碳源。据计算，生物质储存的能量比目前世界能源消费总量大 2 倍，每年通过光合作用产生的生物质能有 1450 亿～1810 亿 t。

从能源结构演化的历史规律看，人类最初利用柴火等生物质，以后才用煤炭、石油、天然气，可再生能源的使用时间并不长。能源升级特点是从低碳到高碳再回归低碳。生物质是仅次于煤炭、石油、天然气的第四大能源，而前面三大能源均是影响碳中和的能源。由于生物质对太阳能已进行了一次转化，利用效率应高于太阳能利用。多晶硅、单晶硅等光伏发电材料的生产要消耗大量的能源，并非"零碳"能源。目前，碳排放主要在于能源生产，相关统计表明，2019 年全球电力和热力生产行业贡献 42%的 CO_2 排放，工业、交通运输业分别贡献 18.4% 和 24.6%。具体到中国，电力和热力生产行业贡献 51.4%，工业、交通运输业分别贡献 27.9%、9.7%。由此可见，中国碳排放来自电热、工业的占比相对全球更高，所以利用好生物质能具有更为重要的意义。

植物是自然界碳中和的主力军，主要依靠光合作用、通过卡尔文循环实现对大气 CO_2 的吸收、同化和固定作用（图 1-2）。

生物质能具有零碳属性。在自然界以绿色植物为纽带进行碳循环，自然界的碳经过光合作用进入生物界。生物界的碳通过三个主要途径即燃烧、降解和呼吸又回到自然界，从而构成碳元素环链，所以国际上称生物质能为零碳能源，它也是可再生能源当中唯一的零碳燃料。同时，生物质能源化还可以避免生物质废弃物填埋处置和共生产品中残留物与废弃物的温室气体排放。

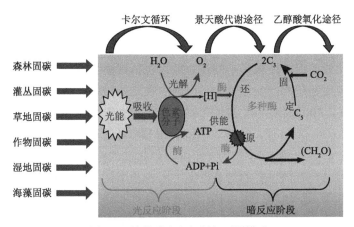

图 1-2　植物碳中和机制与不同模式

1.3.1　全球生物质能利用状况

生物质能利用是新型能源利用方式，在 20 世纪 70 年代爆发全球性石油危机后，以生物质能为代表的清洁能源在全球范围内受到重视，生物质能可期望成为重要战略性能源。生物质液体燃料、生物沼气、生物质发电是生物质能的主要利用形式。从全球范围来看，生物质能已经占到全球能源消费总量的 15% 左右，美国、巴西、德国等国家发展进程较快；生物质液体燃料、生物质多联产发电、生物天然气的技术、装备和商业化运作模式已经比较成熟，其中生物质液体燃料可直接替代石油燃料，还可进一步生产其他化工品，是生物质产业中最具商业应用价值的方向。燃料乙醇是世界消费量最大多的生物液体燃料，美国可再生燃料协会统计，2019 年全球燃料乙醇混配出的乙醇汽油，超过同期全球车用汽油消费总量的 60%。

巴西作为最早开展生物质能研究的国家之一，确保能源安全是巴西发展生物质能的最初动因。历史上巴西石油进口占其国内消费量的 90%，两次石油危机使巴西政府积极寻找替代能源，巴西期望通过发展生物质能最终减少对能源供给的支出，也希望借助于生物质能的发展，增加对粮食作物的需求量。因此，早在 1933 年巴西就成立了蔗糖和乙醇研究所，并且通过法律强制要求所有石油中都要添加甘蔗乙醇。巴西已经成为全球乙醇燃料第二大生产国和第一大出口国，2019 年巴西生产的燃料乙醇约占全球的 30%，与美国、欧盟呈现出三足鼎立之势，燃料乙醇替代了巴西一半以上的汽油。早在 20 世纪 80 年代巴西独立研发出用甘蔗渣生产乙醇的 Dedini 快速水解法技术，可以从每吨甘蔗渣中提取乙醇 109~180 L，从而使乙醇能源成本降幅达 40% 以上。目前，巴西一次能源消费结构中可再生能源已经占到能源消费总量的 44%，其中，生物质能的比例已经超过 40%，而全球仅为 15.6%。通过发展生物质能，巴西取得了一系列的直接收益，包括确保能源安全、节约外汇储备、增加当地就业、减少城市污染以及二氧化碳排放。此外，巴西还取得了间接收益，包括规模经济、技术进步、生产率提高和形成不需要补贴的产业竞争力。巴西生物质能发展领域的表现已经引起了众多学者的关注，2005 年巴西乙醇的平均生产成本为 0.23 美元/L，这意味着只要国际油价不低于 36 美元/桶，乙醇气油就有相对市场的竞争优势。当国际石油每桶 100 美元以上时，巴西利用生物质能作为替代性战略能源具有非常明显的引导性，这对中国也具有很重要的借鉴意义。巴西利用甘蔗渣作为生物质能的主要物质，这是第二代乙醇生产技术，其经济效益显然要高于第一代利用粮食和糖类作为生物质能原料，同时不会引发与粮食问题相关的争议。

美国早在 2003 年就出台了《生物质技术路线图》，2006 年又相继提出了《先进能源计划》《纤维素乙醇研究图》等，是世界上较早发展燃料乙醇的国家，成为世界上主要的燃料乙醇生产国和消费国。2019 年美国燃料乙醇产量约占全球产量的 54%。美国燃料乙醇的主要原料 40% 来自玉米，目前也有第二代技术即纤维素乙醇项目投入运行。同时，美国还利用大豆作为生物质能原料，2019 年美国生物柴油量占全球的 14%，位列全球第二。此外，美国还利用生物质发电，截至 2020 年美国生物质发电装机容量达 1600 万 kW。但是由于美国采用的是第一代生物质能技术，所以在国际社会上存在粮食问题的争议，这对像中国人口数量多的国家来说，其借鉴意义相对有限。

欧盟早在 2008 年就出台了《可再生能源法》，提出可再生能源"20-20-20"的战略目标，即到 2020 年温室气体排放比 1990 年减少 20%，可再生能源占总能源消费的比例提高到 20%，能源利用率提高 20%。同时，通过《战略能源技术计划》，提出了发展生物质能技术。此后，2010 年通过了《欧盟 2020 能源战略》，2011 年通过了《欧盟 2050 能源路线图》，提出到 2020 年生物质燃料在交通燃料中的比例必须达到 10%。在可再生能源相关法令推动下，欧盟生物质发电保持持续增长态势，2020 年欧洲生物质发电装机容量达到 4200 万 kW。北欧国家也都非常重视生物质能的高效利用，终端能源消费中的 17% 来自可再生能源，主要用于供热。

日本从 2002 年开始将生物质作为国家能源发展战略，出台的《日本生物质战略》规定从 2004 年起开始生产生物质能，并于 2006 年进行了修订。2009 年日本出台了《促进生物质利用的基本方案》。2010 年日本出台的《基本能源计划》规定到 2020 年，一次能源供应中可再生能源的比例达到 10%，生物质燃料要占到全国能源的 3%。2012 年日本出台的《生物质产业化战略》详细规定，实现生物质产业化的特定转换技术和生物质能资源，并为实现生物质产业化明确了原则和政策。

1.3.2　中国生物质能利用状况

中国生物质资源非常丰富，能得到充分利用可替代能源消费中 17%～24%的化石能源。然而，秸秆等生物质能除了收集、运输困难，还受到政策性限制。2001 年国家环境保护总局发布的《关于划分高污染燃料的规定》，将生物质燃料（树木、秸秆、锯末、稻壳、蔗渣等）划为高污染燃料。虽然，2017 年环境保护部发布《高污染燃料目录》以取代《关于划分高污染燃料的规定》，其中明确工业废弃物和垃圾、农林剩余物、餐饮业用木炭等辅助性燃料不属于管控范围但各地并未放开生物质供暖市场。

碳减排领域提出了一个争议比较大的概念——负排放，即为使中国电力系统到 2050 年时实现负排放，需要利用能源林发电，在发电过程中对碳排放进行捕获并埋存。与普通生物相比，碳中和生物具有以下特征或特点：一是具有较为强大且积极的吸收、同化和固定大气中气态 CO_2 或转化其他温室气体成为有机物并输送至地下的功能，而且与普通生物相比，其功能至少提升了 10%；二是能够阻止、抑制或减缓土壤或水体等介质中的碳以气体形式向大气环境的排放，而且与普通生物相比，其功能至少提升了 10%；三是具有封存碳并使之成为地下碳库的组成部分，而且与普通生物相比，其功能至少提升了 10%；四是与普通生物或环境介质联合而对碳吸收或固定具有协同效应，而且与普通生物相比，其功能至少提升了 10%；五是在人工辅助条件下，具有上述功能的生物可以认为是广义的碳中和生物。

生物质能是国际公认的零碳可再生能源，生物质能通过发电、供热、供气等方式，广泛应用于工业、农业、交通、生活等多个领域，是其他可再生能源无法替代的。若结合生物能源和碳捕集与封存（bioenergy and carbon capture and storage，BECCS）技术，生物质能将创造负碳排放。目前，中国主要生物质资源年产生量约为 34.94 亿 t，生物质资源作为能源利用的开发潜力为 4.6 亿 t 标准煤。截至 2020 年，我国秸秆理论资源量约为 8.29 亿 t，可收集资源量约为 6.94 亿 t，其中，秸秆燃料化利用量为 8821.5 万 t。我国畜禽粪便总量达到 18.68 亿 t（不含清洗废水），沼气利用粪便总量达到 2.11 亿 t；我国可利用的林业剩余物总量为 3.5 亿 t，能源化利用量为 960.4 万 t；我国生活垃圾清运量为 3.1 亿 t，其中垃圾焚烧量为 1.43 亿 t；废弃油脂年产生量约为 1055.1 万 t，能源化利用量约为 52.76 万 t；污水污泥年产生量干重为 1447 万 t，能源化利用量约为 114.69 万 t。随着我国经济的发展和消费水平不断提升，生物质资源产生量呈不断上升趋势，总资源量年增长率预计维持在 1.1%以上。预计 2030 年我国生物质总资源量将达到 37.95 亿 t，到 2060 年我国生物质总资源量将达到 53.46 亿 t。

目前，中国生物质资源量能源化利用量约为 4.61 亿 t，实现碳减排量约为 2.18 亿 t。生物质能利用主要在供电、供热等领域实现对化石能源的替代。2021～2030 年，生物质清洁供热和生物天然气能在县域有效替代燃煤使用，在县域及村镇构建分布式能源站，彻底改变农村用能结构。生物质清洁供热和生物天然气的应用在处理各类废弃物的同时，产生清洁能源，为居民供暖供气，助力实现全面乡村振兴。预计到 2030 年，生物质能各类途径的利用将为全社会碳减排超过 99 亿 t，占总排量的比例达 73.33%，因此利用好生物质的作用，将非常显著地减缓碳排放

1.3.3 热解在生物质利用中的作用

目前，生物质利用主要集中在生物质发电、生物质清洁供热、生物天然气、生物质液体燃料、生物质化肥替代、BECCS 技术等方面。但是，从目前生物质利用的各方面来看都存在这样或那样的问题需要解决。

在生物质发电方面，截至 2020 年底，我国已投产生物质发电并网装机容量 2952 万 kW，年提供的清洁电力超过 1100 亿 kW•h。根据现有温室气体减排方法学进行测算，已有项目自愿减排量超过 8600 万 t。根据国际可再生能源署（The International Renewable Energy Agency，IRENA）的研究，2019 年开始未来 10 年生物质发电的设备降本空间不大，影响发电成本的主要因素是其原料的价格。生物质主要受制于原料的收集成本、运输半径，致使生物质发电成本远高于风电、光伏等其他可再生能源发电成本。通过对生物质进行热解，产生的热解碳不仅便于运输，而且碳含量明显高于煤炭，这样可以在一定程度上降低生物质收集与运输的成本，进而形成生物质发电的比较优势。同时，可以使热解后生物质碳发挥出类似煤炭发电的效果，发电输出稳定，能够参与电力调峰等。

在生物质清洁供热方面，目前我国生物质清洁供暖面积超过 3 亿 m^2。根据《3060 零碳生物质能发展潜力蓝皮书》（2021 年），中国生物质成型燃料每年产量超过 1100 万 t，以燃用各类生物质锅炉，额定蒸发量小于 65t/h 口径锅炉数量超过 1.6 万台，总额定蒸发量达到 8.3 万 t，估计全国生物质供热量超过 3 亿 GJ，自愿减排量超过 3000 万 t。但是由于中国生物质中的主体部分为秸秆，供热仍然存在收集与运输成本等问题，如果将生物质进行热解，则可以切实降低成本，进而为生物质供热提供便利。据相关研究，将秸秆类生物质进行热解，其所获得的热解碳含碳量高于标准煤，因而吨热解碳所提供的热量要大于标准煤，其经济效益非常明显。因此，从经济性方面进行测算，生物质清洁供热与电供热、天然气供热相比，也是目前成本最接近燃煤、居民可承受的供热方式，大力发展生物质热解碳清洁供热，不仅可以在县域替代燃煤小锅炉，发挥生物质零碳属性，而且可以

在供热供暖领域做出减排贡献。根据相关统计，按照目前清洁供暖工作的持续推进，预计未来生物质清洁取暖面积将超过 10 亿 m^2。假设到 2030 年生物质清洁供热能够替代燃煤锅炉的 50%，生物质锅炉总蒸发量将超过 34 万 t。

同时，由于生物质在热解过程中可以产生气态、液态和固态等三相产物，其中液态物质含有丰富的芳香烃类物质，可以作为化工原料，气态物质也可以作为燃气使用，因此生物质在一定意义上可以作为生物天然气、生物质液体燃料的替代品。同时，在生物质的热解研究中还发现单组分、双组分和多组分的生物质进行热解，可以产生不同的、效益各异的热解物质，可以将农作物秸秆、畜禽粪污、餐厨垃圾以及各类城乡有机废弃物进行混合热解，一方面可以有效地减少污染，另一方面还可以对热解产生的气态、液态和固态热解物质进行有效利用。此外，进一步研究还发现，农业粮食作物田间生产过程是温室气体 CH_4 和 N_2O 的重要排放源，而对生物质进行热解形成热解碳加入田地土壤后，可以明显地减少温室气体 CH_4 和 N_2O 的排放。这些方面的研究，都指向生物质热解具有明显的为碳中和目标实现提供技术和经济发展的双向作用。

第2章　热解研究与利用概述

2.1　引　　言

对热解的研究主要是对城镇有机垃圾进行热解。对有机垃圾进行热解，选择在 500～800℃温度的情况下进行，同时保持一定的升温速率，以在迅速而减容的情况下实现对有机垃圾中的有机成分尽可能加以利用，达到对有机垃圾进行减量化的同时，促进有机垃圾的资源化。有机垃圾热解的产物有热解气、焦油和热解炭。热解是热化学处理过程的必经阶段，是一个吸热过程。近些年来，热解已经作为独立的固体废物处理技术，在垃圾处理上得到了运用和发展。关于这方面的研究也日益增多，国内外有关垃圾热解的研究大多集中在热解影响因素、多组分混合热解过程中相互影响机理及热解产物组成等方面。

2.2　影响热解效果的因素

2.2.1　温度对热解特性的影响

Aboyade 等（2013）在中温热解条件下研究了煤与玉米芯、甜菜残渣等农业剩余物混合热解特性，发现热解温度和热解气体产率成正比，但随着热解温度继续升高，气体产率先升高后降低，液体产物产率最大值出现在 520～550℃。这表明在一定热解温度范围内，存在一个较优的热解温度，使生物质热解后液体产物（焦油）产率达到最大值。当继续提高热解温度，一部分焦油将发生二次热解，导致液体产物产率降低，气体产率提高。Li 等（2013）研究了高温热解条件下改变热解温度对烟煤和木屑混合热解产物的影响，实验结果表明，随着热解温度的升高，热解气产率逐渐提高，半焦产率降低，热解温度升高促进了焦油的二次热解。

张雪等（2015）对聚乙烯（PE）、聚丙烯（PP）、聚苯乙烯（PS）、聚对苯二甲酸乙二醇酯（PET）等塑料垃圾热动力学特性进行了研究，结果表明，四种塑料聚合物的非等温热解过程只有 1 个剧烈失重阶段。热稳定性从稳定到相对不稳定的排列顺序是，聚乙烯好于聚丙烯，聚丙烯好于聚对苯二甲酸乙二醇酯，聚苯乙烯最差。并且随着热解温度升高，塑料的最大热解速度呈现出线性减小的趋势，相对应的峰值温度则呈现出线性升高的趋势，失重率基本不变。

Gonzalez 等（2010）对一些农作物类废料等生物质进行了研究，主要集中在松木屑、烟草废物、甘蔗渣、咖啡壳等的热解特性。通过对这些有机垃圾的研究，他们得出了一系列结论：在热解温度为 300～600℃的情况下对烟草废物进行热解，热解产物中焦炭、焦油的产率随着热解温度的升高而降低。在热解温度为 300℃时，松木屑与烟草废物的焦油产率相似，而咖啡壳的焦油产率相对较高。在对多组分进行热解时，热解特性受该组分在各类物质多组分的混合物中所占比例的影响。

赵颖等（2008）对生活垃圾可燃组分热解进行了研究，研究主要集中在温度对连续热解的影响。结果表明，当温度由 400℃升到 600℃时，热解产物中固相的热解炭占比呈现下降趋势，从 58.26%下降为 28.48%。而液相物质焦油占比则呈现上升趋势，从 26.08%上升为 32.30%。气相物质也与液相物质类似，占比呈现上升趋势，从 15.65%上升为 39.22%。

2.2.2　升温速率对热解效果的影响

常娜等（2012）对煤的热解进行了研究，研究主要集中在热解温度和升温速率的不同对气相产物的分布状况产生的影响。结果表明，煤在整个热解过程的吸热量随升温速率的增加而减少。煤热解产生的液相物质焦油组分包含脂肪族、脂环族、芳香族等的化合物。并且随着升温速率的增加，焦油含量达到峰值的时间所对应的热解温度产生滞后现象。与液相物质焦油相反，热解产生气相物质煤气，则与升温速率正相关。任强强和赵长遂（2008）对此进行了相关研究，结果表明，在不同升温速率下，热解气相产物达到峰值时所对应的温度不同。例如，在对稻壳热解过程的研究中，发现在升温速率为 15℃/min、40℃/min、100℃/min 的情况下，CO_2 达到峰值时所对应的温度与升温速率正相关。具体来说，在升温速率为 15℃/min 时峰值温度为 350℃，在升温速率为 40℃/min 时峰值温度为 415℃，在升温速率为 100℃/min 时峰值温度为 458℃。CH_4 与 CO_2 有着相类似的情况，CH_4 达到峰值对应的温度分别为 437℃、600℃、458℃。在这些研究中，热解在 200～500℃温度区间进行，不论是样品的热解热重图（又称 TG 曲线）还是微商热重法（DTG）曲线，峰值位置均呈现出向低温区移动的趋势。但也有研究表明，随着升温速率的增大，样品失重 TG 和 DTG 曲线均向高温区移动（陈红红等，2014）。热解的主要气相产物为 CO、CO_2、CH_4、H_2O 和一些有机物，并且气相物质的产率与升温速率正相关。具体来说，不同的气相物质有着不同表现，其中 CO_2、H_2O 析出所对应的温度较低，而 CH_4、CO 和有机物析出所对应的温度稍高。姬登祥等（2011）研究了升温速率分别为 20℃/min、40℃/min、60℃/min 时的水稻秸秆热解特性，结果表明，较低的升温速率使样品有时间逐渐吸收热量，因而不论是起始温度还是终止温度都相对降低。张楚等（2008）的研究也表明，不同升温速率会影响垃圾的热解特性，失重温度与升温速率正相关，残渣率也与升温速率正相关。

2.2.3 不同组分对热解效果的影响

不同组分的热解特性不同。王爽等（2017）采用表征分析和热重–质谱分析展开对海藻中多糖、蛋白质、灰分这 3 种主要组分参与热解规律的研究。结果表明，多糖和蛋白质的热失重范围分别为 175～310℃和 300～350℃；而灰分使海藻热解过程中最大热失重速率增大，且脱灰使失重峰对应的温度区间向低温段偏移。Grierson 等（2009）对杜氏藻、小球藻等的热解特性进行了研究，得出了一系列结论：140～220℃是第一个失重峰温范围，其原因在于微藻内部的结合水散失；250～350℃是第二个失重峰温范围，其原因在于热解产生大量的 CO_2。480～520℃是 CH_4 的析出温度区间，450℃是 C_2H_4、C_2H_6 的析出温度；但是对不同的微藻来说，H_2 的析出温度变化相对较大，如小球藻为 430℃，杜氏藻为 460℃，其余的微藻为 515～585℃。薛旭方等（2010）对城镇垃圾中含量较高的餐厨垃圾进行了热重实验研究，得出结论：餐厨垃圾中的不同组分，各自具有不同的热解特性。其中，纤维素呈现出热解相对较慢的特征，在热解过程中失重峰出现了两个；淀粉则呈现出热解相对较快的特征，其最大失重速率为 27.03%/min，分别为脂肪的 2 倍、纤维素的 7.8 倍。而脂肪热解后几乎没有固体残渣，这是脂肪的挥发分含量很高所致。

2.2.4 热解气氛对热解效果的影响

热解气氛直接影响物料热解。燃烧产生的有害气相物质，会对大气产生严重污染，使温室效应进一步加剧。为此，在无氧环境下对生物质进行热解，越来越引起学术界的关切。近些年，人们大多采取向热炉充入氮气、氩气等惰性气体的方法，以排走热解炉中的氧气，形成无氧的热解环境。Zhang 等（2011）考察了 N_2、H_2、CO、CH_4 和 CO_2 等不同气氛下，玉米棒在流化床上的快速热解。通过对热解油进行气相色谱–质谱法（GC/MS）分析发现，在 H_2 和 CO 的还原气氛下，热解油含氧量降低，热值明显比其他气氛下获得的热解油的热值高。Wang 等（2013）发现在 750℃热解终温下，CO_2 气氛明显提高了神东煤的热解油产率。同时，Jin 等（2013）在 700℃热解终温、载气 25mL/min 的条件下，发现相比于 N_2 和 H_2，CH_4 气氛促进热解芳香自由基的甲烷芳构化，也显著提高神木煤的热解液相焦油的产率。

2.2.5　多组分混合热解相互影响机理

温俊明（2006）研究了垃圾混合热解的交互影响。通过两种组分混合热解得出结论：交互影响最大的为生物质类组分或织物与塑料混合；交互影响其次的是橡胶与其他组分混合；交互影响最小的是生物质类组分与织物相互混合。当生物质类组分与织物相互混合进行热解时，热解特性大体上可以以加权平均的结果来表示。研究结果还表明，交互影响较小的主要是组分相似时的混合快速热解，交互影响较大的则为组分不相似时的混合快速热解。同时，模化垃圾的热解指数与单组分中餐厨垃圾的热解指数处于同一数量级。王汝佩（2015）针对混合垃圾的热解进行了研究，明确了一个对高斯（Gaussian）函数进行修正的拟合方法，基于该修正以及线性加权和法，可以定量表征基元组分的热解交互作用对反应活化能和反应时间的影响。结果表明，垃圾衍生燃料（RDF）中的 PE 组分进行热解反应的活化能和时间均出现降低；在 200～380℃聚氯乙烯（PVC）的脱氯化氢反应向高温方向偏移，而且反应的活化能升高。在 380～600℃ PVC 的反应时间明显缩短。混合后，纤维素的活化能略有升高。

2.3　有机垃圾热解性状

2.3.1　热解产物的组成

热解有机垃圾的主要产物有三部分：固相的热解炭、液相的焦油、气相的热解气。在不同的热解温度条件下，固体热解炭、液体焦油和气体的组成成分、结构性质乃至产率都有着不同表现。Yuan 等（2015）研究了藻类和木质纤维素生物质混合热解，升温速率分别为 5℃/min、10℃/min、20℃/min，结果表明，在热解的前期气相产物主要为 CO_2，当热解温度高于 500℃时，H_2 和 CH_4 含量增加；热解油产量在 500℃时达到最大，当温度超过 600℃时，由于催化裂解，其产量下降，这与 Phan 等（2008）的研究结果一致。张立强等（2016）利用热裂解-气相色谱/质谱联用仪（Py-GC/MS）对黄豆秆进行了两级热解，得出一些结论：第一级热解产物总峰面积与第一级热解温度（t_1）正相关，第二级热解产物总峰面积与第二级热解温度呈现出负相关的特性。在 t_1 为 400℃和 450℃时，第一级热解产物中酮类、酸类、呋喃类等源于纤维素和半纤维素的产物含量较高；在 t_1 为 450℃和 500℃时，第二级热解产物中烃类产物的含量较高，达到 20%以上。在第一级热解和第二级热解中，产生的高含量物质不同，从而可以通过两级热解实现生物质的选择性热解。Gonzalez 等（2010）和 Aboyade 等（2013）也进行了相应

的研究，得出一些结论：在热解温度小于 500℃时，液相物质产量与温度正相
关；在热解温度大于 500℃时，液相物质产量变化不大，而固相物质热解炭的产
量与温度负相关。

2.3.2 污染物的析出特性

生物质的组成元素主要是 C、H、O、N、S 等，但塑料类物质有着一些独有
的特性，即含有较高的 Cl。在热解过程中生物质中 C、H、O 等主要以气体形态
逸出，其物质结构主要为 CO、CO_2、H_2O、CH_4 等，但是与此同时也会析出少
量有毒有害物质，不仅会影响热解气体作为能源，而且也会对大气产生严重污
染，这些物质结构主要为 H_2S、SO_2、HCl、NH_3、HCN 等。因而，从这些情况
分析来看，这些有害气体的存在影响了热解技术的应用和发展。林均衡等
（2018）对比研究了矿化垃圾衍生燃料（aged refuse derived-fuel，ARDF）和常
规垃圾衍生燃料（normal refuse derived-fuel，NRDF）热解过程中腐蚀性气体
（HCl 和 H_2S）的析出特性，分析了其析出行为受到热解温度、热解类型的影
响，并对固相产物中腐蚀性元素存在的状态及其特点进行了了研究。结果表明，
慢速热解过程，ARDF 和 NRDF 热解过程中的腐蚀性气体析出特征温度区间相
似，HCl 析出特征温度区间分别为 200～400℃和 420～500℃，H_2S 析出特征温
度区间分别为 230～370℃和 380～670℃，而 ARDF 热解表现为较低的 HCl 和
H_2S 析出率；快速热解过程，腐蚀性气体的析出受热解温度影响较大，随热解温
度的升高，HCl 析出率呈"S"形变化，而 H_2S 析出率与温度正相关，均在
850 ℃达到峰值。蒋磊和任强强（2011）研究了升温速率、颗粒粒径及矿物质等
参数对秸秆 Cl—HCl 转化的影响，得出一些结论：随着升温速率的升高，秸秆热
解 HCl 释放量增加，同时达到峰值时所对应的温度提高；升温速率对 HCl 析出的
影响比热解终温的影响大；通过对颗粒进行处理，不同粒径的颗粒的析出规律不
同，具体来说粒径与 HCl 的析出负相关。

在开展的城镇有机垃圾热解过程中，相关学者通过对 HCl、H_2S、NH_3 等的析
出特性进行研究（刘国涛和唐利兰，2016），发现 HCl-Cl、H_2S-S、NH_3-N 析出率
与温度正相关，不同的热解终温这些气体的析出率不同，具体来说，NH_3-N 在
500℃时析出率为 39%，在 600℃时析出率为 40%，在 700℃时析出率为 30%，在
800℃时析出率为 44%。相对应的温度，H_2S-S 的析出率分别为 18%、22%、25%
和 26%，HCl-Cl 的析出率分别为 68%、71%、76%和 85%。从对热解过程中产生
的固相物质热解炭分析来看，当热解终温小于 700℃时 N 残留率与热解终温正相
关，并且在 700℃时达到最大值（45%）；S 和 Cl 的残留率则与热解终温负相关，
在 800℃时的残留率分别为 41%和 5%。分析后可以得出这样的结论：将终温控制

在 700℃以下将有利于把氮固定在热解炭中，低温（500℃）热解将有利于减少有害气体如 H_2S 和 HCl 的析出。

林顺洪等（2017）研究了空气和氮气气氛中玉米秸秆的燃烧特性，结果表明，HCl 在不同气氛下析出量不同，在氮气气氛下 HCl 的析出受到抑制。在空气气氛和不同终温条件下 HCl 的析出量也不同，研究表明在 600℃以上终温时 HCl 析出强度减小，分析氯元素的析出主要是碱金属氯化物由于高温而蒸气压升高，进而进入气相所致。

Ren 等（2009）进行了相关研究，主要集中在棉花秆与市政垃圾混合物的热解特性，结果表明，棉花秆添加量与热解混合物的失重率呈现出正相关。与此同时，热解两者混合物使氮的逸出方式得以改变。热解市政垃圾时，氮主要以气体的方式逸出，主要成分为 HCN、HNCO、NH_3，而 HCN 与 HNCO、NH_3 的比为 1.95。当棉花秆添加量提高时，相应的比例呈现减少的趋势，如添加 10%棉花秆时，该比例减少到 1.47；当添加 50%棉花秆时，该比例减少到 1.2。当市政垃圾中含有 PVC 时，热解过程中有 HCl、Cl_2（少量）排出。当市政垃圾热解终温在 360℃、505℃时出现释放峰值。棉花秆热解时 HCl 的析出速度比市政垃圾快，释放峰值出现时的温度为 355℃。当棉花秆添加的比例小于 10%时，对混合物进行热解，HCl 析出曲线峰值出现的温度为 335℃和 513℃。并且当增加棉花秆的添加比例时，HCl 析出曲线峰值只出现一个。产生这种状况的原因可以归结为，HCl 从 PVC 中析出的同时，也会从市政垃圾中的废木屑中析出。在终温相对较低（<300℃）的情况下，HCl 析出主要来源于废木屑。在终温较高（>500℃）的情况下，HCl 析出主要来源于 PVC，其原因在于棉花秆含氯量较低，将棉花秆添加进垃圾进行热解，能相应抑制 HCl 的产生。

2.3.3　热解炭特征结构

生物质热解层是生物质不完全燃烧产生的一种非纯净碳的混合物，碳元素含量为 60%左右，热解炭因高度芳香化结构而具有生物化学稳定性和热稳定性。热解炭指在无氧条件下各种生物质高温热解后的固态产物的统称，其主要组成成分为呋喃、吡喃、苯酚、纤维素、烷烃、脱水糖、酸及酸的衍生物、烯烃类的衍生物等。目前，对热解炭结构和性质的研究主要集中在孔隙度、比表面积、阳离子交换量、表面官能团、表面负荷、生物降解性等方面（Keiluweit et al.，2010；王萌萌和周启星，2013）。

2.3.4　热解炭元素组成及其影响因素

热解炭主要含有 C、H、N、S、O 和少量 P、K，以及微量的 Ca、Mg、Fe 等金属元素。Graber 等（2010）研究得出的热解炭元素组成：C 为 70.6%、N 为 0.6%、H 为 2.3%、O 为 15.5%、O/C 为 0.22、H/C 为 0.03、C/N 为 118、H/O 为 0.15；热解炭水提取宏量元素（N、P、K），K 含量约为 10%，其他元素含量较少，Ca 和 Fe 的最高浓度分别为 1.8%和 1.1%；甲醇提取液中则含有乙酸基、二醇、三醇、长链脂肪、苯甲酸、酚类化合物等多种化合物。Chang 等（2015）研究了小球藻热解炭化学特征，结果表明，小球藻热解炭 N 含量很高（10.48%～14.12%），此外还含有 P、Fe、Ca、K 和 Mg 等矿质元素。C 含量随热解温度的增加呈先增加后降的趋势，从 300℃的 56.3%增至 500℃最大的 66.2%，再降至 700℃的 65%。H 和 N 的含量则随热解温度的增加而降低。小球藻热解炭可充当高含 N、富含矿质元素的多孔肥料。张巍巍等（2007）将稻秆在不同升温速率和终温下进行热解，结果表明 C 含量与热解温度正相关，呈现出增加趋势；而 H 和 O 则与热解温度负相关，呈现出逐渐降低趋势。元素组成如表 2-1 所示。由此可见，生物质原料和热解条件都会影响热解炭的元素组成。

表 2-1　不同热解条件下半焦的 C、H、O 的含量

终温/℃	升温速率/（℃/min）	C/%	H/%	O/%
500	5	63.25	2.57	21.17
	10	63.65	2.65	20.99
800	5	66.62	1.00	17.32
	10	66.73	0.76	17.79

2.3.5　热解炭表面结构特征

温度影响着热解炭的元素组成，也同样影响着热解炭有机官能团的种类和数量。Uchimiya 等（2010）对此进行了研究，研究结果表明，在终温 200～500℃时棉花秆热解炭的表面羟基吸收峰与温度负相关。脂肪性 C—H 键含量也与温度负相关，并随着温度升高吸收峰越来越强。在温度为 200～350℃时，原生物质中还可发现 C—O 键，但是总体上 C—O 键含量与温度负相关。C=C 和 C=O 键含量在温度为 200～350℃时与温度正相关，在温度为 350～500℃时则与温度负相关。在终温 600℃以上的热解炭中，主要含有芳香族类、碳酸盐类物质。制备热解炭的热解温度越高，H/C、O/C 和（O+N）/C（摩尔比）减小，高温制得的热解炭有更好的芳香结构，且高温下制得的热解炭的羟基、羧基和酮基等含氧官能团含量减少（Zheng et al.，2013；李桥，2016）。

Purevsuren 等（2003）利用酪蛋白对热解炭组成和表面性质进行了研究，具体是在终温 600℃时对酪蛋白进行热解，产生的热解炭中 C、N 和 O 的含量增加，H 含量降低，热解和炭化过程中氮气参与了 NO_x 和 NH_3 以及芳环结构的形成，傅里叶变换红外光谱仪分析表明热解炭表面含有 OH、C=O、C—O—C、C—H 等官能团结构。经测定得到热解炭累计体积约为 $112.6mm^3/g$，孔隙度为 20%，大多数孔径为 $3.7\sim41.7\,nm$，少数为 $88.04\sim6811.04\,nm$。

Qiu 等（2009）研究了稻草热解制热解炭的比表面积及孔隙度并与活性炭进行了比较，结果表明，热解炭的比表面积为 $1057\,m^2/g$，大于活性炭比表面积（$970\,m^2/g$）。热解炭的微孔体积为 $0.24\,mL/g$，小于活性炭的微孔体积（$0.32\,mL/g$），热解炭的平均孔隙直径为 $5.2\,nm$，而活性炭为 $3.3\,nm$。布恩（Boehm）滴定法测定结果为热解炭表面的酸性基团是活性炭的 3 倍，这些都表明热解炭的炭化程度较活性炭低。热解炭的比表面积、孔体积和平均孔径直接影响着热解炭的吸附和持水能力，进而影响土壤的结构、污染物迁移和微生物界面。Zhao 等（2013）研究表明，热解炭的比表面积、平均孔径主要受温度和原料的影响，当热解温度超过 350℃时，热解炭的比表面积迅速增加；猪粪和麦秆的热解炭比表面积分别由 350℃ 的 $4.26\,m^2/g$ 和 $3.48\,m^2/g$ 增至 650℃ 的 $42.4\,m^2/g$ 和 $182\,m^2/g$。

高凯芳等（2016）对不同温度下稻秆和稻壳热解炭的表面官能团种类与数量进行了研究，结果表明，同一温度下两种材料制备的热解炭特征吸收峰基本相同，且表面基团种类大致相同，在热解过程中均有芳环结构形成，且芳香化与温度正相关。不同温度下两种材料的热解炭表面官能团变化规律相似，主要表现为，随着温度升高，在芳香族化合物增加的同时，甲基（—CH_3）和亚甲基（—CH_2）逐渐消失，烷基缺失。郝蓉等（2010）研究了水稻秸秆碳的表面官能团结构，结果表明，热解炭表面以芳环骨架为主，同时存在大量酮类、醛类和缔合—OH 等。热解炭中芳环结构使其具有亲脂性，可以用于吸附疏水性有机化合物。生物质经过热解，羧基（C=O）、甲基、亚甲基、醚键（C—O—C）消失，但仍存有羟基和芳香族化合物。热解炭表面酸性含氧官能团数量随温度升高呈先升高后降低的态势，在终温为 600℃时达到最高值；碱性含氧官能团数量变化态势与酸性含氧官能团一致，但在终温为 500℃时达到最高值，然而当终温为 800℃时几乎不再生成碱性含氧官能团。

2.4 热解碳的环境背景及意义

2.4.1 环境问题日益被关注

环境问题已经引起世界各国各地区的普遍关注，如何处理好保护环境与促进发展的关系成为全球性焦点问题。1992 年 6 月通过的《里约环境与发展宣言》突出了可持续发展问题，受到了世界各国各地区普遍认同。可持续发展是当今世界各国各地区的必然选择，也是宏观经济发展的重要战略之一。全人类都清楚地认识到，只有环境与经济相协调，才能实现可持续发展。在当今世界，"环境与发展"同"和平与发展"一样，对经济社会发展具有同等的意义。我国也将保护环境和防止环境污染作为三大攻坚战之一。

2.4.2　城镇化带来的污染

随着城镇迅速扩大，城镇聚集着越来越多的人口。随着经济社会的快速发展，城镇化率持续上升，大量农村人口移居城镇，城镇生活垃圾量增加迅猛。如何有效处理城镇垃圾，这已经引起世界各国各地区极大关注。城镇垃圾既是污染源，又是新的资源。城镇垃圾处理不当，就会污染大气、水体、土壤，还会排放温室气体，甚至传播疾病。城镇垃圾处理得当，既可以提供清洁能源，有助于缓解能源危机，又可以在促进节能减排等方面发挥巨大的作用，城镇垃圾作为新的资源具有十分广阔的发展前景。

2.4.3　有机垃圾的热解探索

国内外在垃圾热解动力学机理、热解条件等方面进行了大量的研究，为有效处理和利用垃圾提供了技术支撑，但将有机垃圾热解炭及热解产物的应用作为主要目的的研究相对较少。近些年，国外也开展了有机物热解炭技术研究，但主要集中在植物杂草、秸秆、椰子壳、花生壳、棕榈壳等单一的农林有机废弃物，其成果主要体现在对热解炭基本结构和理化性质的了解，以及对热解炭生物与非生物氧化机理方面，却很少深入研究城镇垃圾热解炭技术，尤其是对混合垃圾热解炭结构特征，以及其形成机理的研究。同时，对热解炭在改良土壤的作用、添加热解炭后土壤的理化性能，以及热解炭添加进土壤所起的固碳减排作用等方面，更缺乏研究。

我国经济增长的相对粗放方式，决定了必须转变经济增长方式，解决节能减排面临的问题，特别是要积极参与应对全球气候变化等。2015 年的巴黎气候峰会又引入了近似于"碳中性"或者"净零排放"的概念，这对实现节能减排提出了新的挑战。在氧气稀少的条件下通过热解城镇生活垃圾制取热解炭，以及对热解炭改良土壤相关机理的掌握，可以促进该技术应用和开发。这无论对实现节能减排，还是推进城镇垃圾资源化，以及缓解能源、环境的危机，都将具有重要的战略意义。

2.5 热解炭形成机理及关键技术

2.5.1 有机垃圾热解炭性状

热解炭不是单一的化合物，而是一个含碳的有机连续体，其性状特征受生物质材料自身以及制备条件的影响而表现不同。不同的热解炭对土壤性状及土壤有机碳的迁移转化的影响也不同。城镇生活垃圾本身组分较为复杂，目前还难以根据原料和热解条件对其热解炭的性状进行预测，现有的研究结果往往无法重复，增加了同类、共性研究的对比分析、评价难度。此外，有关热解炭的研究不够深入和系统，还没有弄清热解炭添加进土壤后，是否会改变土壤理化性质和有机质含量，这些对土壤碳、氮物质循环会产生什么样的影响，进而是否会改变土壤的生态系统。同时，也缺乏添加进土壤后，热解炭稳定机理、形态结构变化的全面研究。所以从这些情况来分析，深入研究城镇生活垃圾热解炭形成的机理，研究热解炭的表面结构，进而弄清热解炭的形成过程与机理，分析热解炭多孔结构和芳香化特征，具有很强的经济意义和社会意义。

目前有关研究表明，不同性状的热解炭对土壤的理化性质和环境效益作用不同，而热解炭的性状（包括比表面积、孔径、微孔体积、元素组成、pH、总有机碳、阳离子交换量、表面官能团等）受其生产原料和制备工艺条件的影响。城镇生活垃圾组分复杂，为了寻找垃圾热解炭的热解规律及其对土壤改良的影响，本书拟采用典型垃圾组分，探究典型垃圾组分热解炭的性质和热解规律，以及不同性状的热解炭对土壤环境效益的影响，以掌握典型垃圾组分热解炭的性状参数与土壤环境效益间的关系，从而为有机垃圾热解炭技术与应用提供研究基础。

2.5.2 有机垃圾热解炭形成过程

本书重点研究热解炭形成机理、温度和垃圾组分对热解过程及热解炭理化性质（包括孔隙结构、表面化学性质、元素组成与分布）的影响，明晰热解炭形成机理，有针对性地控制和制取热解炭，确定热解炭理化性质与热解温度以及垃圾各组分间的定量关系，实现对热解炭产物的控制。通过将热解炭添加进土壤，有针对性地研究热解炭在土壤中的迁移变化机理以及对土壤理化性质、温室气体减排和微生物群落结构的影响，弄清楚适合土壤储碳的热解炭结构特征，并通过试验获取对应的热解参数。通过研究掌握热解的最佳条件，获取热解炭应用的最大效应，进而从理论上阐述清楚城镇有机垃圾热解炭技术及其应用，探索建立城镇有机垃圾热解工艺-热解炭结构特征-热解炭土壤环境行为与效益间的关系模型。

通过对城镇有机垃圾热解炭孔隙结构与表面化学性质的研究，明确热解终温、不同组分如何影响热解炭孔隙结构，形成表面化学性质。通过单组分、双组分及多组分组合，研究不同组分混合热解过程中的交互影响。通过对城镇有机垃圾热解三相产物分布及其化学组成的研究，模拟典型垃圾组分，通过控制热解终温，研究热解温度对热解炭、油和气产率的影响，以及热解炭、油和气的元素分布规律及化学组成。通过开展城镇有机垃圾热解炭对土壤理化性质与温室气体释放的影响的研究，明确按一定比例将不同终温热解炭施入土壤，研究不同终温热解炭和不同添加量对土壤 pH、阳离子交换量、有机质、铵态氮、硝酸盐氮和总氮等理化性质的影响，同时观测土壤 CO_2 和 N_2O 的排放通量，研究有机垃圾热解炭对土壤固碳减排的效果。通过开展城镇有机垃圾热解炭对土壤微生物群落影响的研究，明晰热解炭对土壤微生物群落状况的影响。

2.5.3　Illumina 测序技术

Illumina 测序技术即基因测序技术，也称为 DNA 测序技术，即获得目的 DNA 片段碱基排列顺序的技术，获得目的 DNA 片段的序列是进一步进行分子生物学研究和基因改造的基础。Illumina 测序技术使用克隆单分子阵列技术。首先将目的 DNA 片段打断成 100~200 碱基对（base pair，bp），随机连接到固相基质上，经过 *Bst*（*Bacillus stearothermophilus*）DNA 聚合酶延伸和甲酸铵变性的聚合酶链反应（polymerase chain reaction，PCR）循环，生成大量的 DNA 簇，每次延伸所产生的光信号被标准的阵列光学检测系统分析测序，下一次循环中把终止剂和荧光标记基团裂解掉，然后继续延伸脱氧核糖核苷三磷酸（deoxy-ribonucleoside triphosphate，dNTP），实现了边合成边测序的技术。Illumina 测序技术的流程分为以下 4 步：一是基因文库制备。制备测序基因文库是最初始的一步，文库就是一个包含所要测序的所有基因序列的集合体。测序过程中的基因文库制备是将要测序的样本经过序列片段化，再将这些片段化后得到的所有短序列的两端加上接头，从而将要测序的序列制备成一个有很多拥有相同双端序列，但内部序列不同的序列片段集合体。二是簇生成（cluster generation，cg）。利用专利的芯片，在其表面连接有一层单链引物，DNA 片段变成单链后通过与芯片表面的引物碱基互补一端被"固定"在芯片上，另一端（5′或 3′）随机与附近的另外一个引物互补，也被"固定"住，形成"桥"（bridge）。反复 30 轮扩增，每个单分子得到了 1000 倍扩增，成为单克隆 DNA 簇。DNA 簇产生之后，扩增子被线性化，测序引物随后杂交在目标区域一侧的通用序列上。三是边合成边测序（sequencing by synthesis，SBS）。Genome Analyzer 系统应用了边合成边测序的原理。加入改造过的 DNA 聚合酶和带有 4 种荧光标记的 dNTP。这些核苷酸是"可逆终止子"，因为 3′羟基末端带有可化学切割的部分，它只容许每个循环掺入单个碱基。此时，用激光扫描反应板表面，读取每条模板序列第一轮反应所聚合上去的核苷酸种类。之后，将这些基团化学切割，恢复 3'端点位的黏性，继续聚合第二个核苷酸。如此继续下去，直到每条模板序列都完全被聚合为双链。这样，统计每轮收集到的荧光信号结果，就可以得知每个模板 DNA 片段的序列。目前配对末端读长可达到 2×50 bp，更长的读长也能实现，但错误率会增高。读长会受到多个引起信号衰减的因素影响，如荧光标记的不完全切割。四是数据分析（data analysis，DA）。通过自动读取碱基，数据被转移到自动分析通道进行二次分析。

这里主要利用 Illumina 测序技术分析紫色土样品，检测各细菌类群的相对丰度。通过往紫色土中添加不同量热解炭，分析样品中各细菌类群的相对丰度变化，同时通过不同时期检测，分析在各个时期优势细菌类群的相对丰度变化。

2.5.4　CCA 和 RDA 技术分析

典范对应分析（canonical correspondence analysis，CCA），是基于对应分析发展而来的一种排序方法，将对应分析与多元回归分析相结合，每一步计算均与环境因子进行回归，又称多元直接梯度分析。其基本思路是在对应分析的迭代过程中，每次得到的样方排序坐标值均与环境因子进行多元线性回归。CCA 要求两个数据矩阵：一个是植被数据矩阵，另一个是环境数据矩阵。首先计算出一组样方排序值和种类排序值（同对应分析），然后将样方排序值与环境因子用回归分析方法结合起来，这样得到的样方排序值既反映了样方种类组成及生态重要值对群落的作用，同时也反映了环境因子的影响，再用样方排序值加权平均求种类排序值，使种类排序值也间接地与环境因子相联系。其算法可由 Canoco 软件快速实现。CCA 是一种基于单峰模型的排序方法，优点是样方排序与对象排序对应分析，而且在排序过程中结合多个环境因子，因此可以把样方、对象与环境因子的排序结果表示在同一排序图上。其缺点是存在"弓形效应"。在克服弓形效应的情况下，可以采用除趋势典范对应分析（detrended canonical correspondence analysis，DCCA）。

冗余分析（redundancy analysis，RDA），是一种回归分析结合主成分分析的排序方法，也是多响应变量回归分析的拓展。从概念上讲，RDA 是响应变量矩阵与解释变量之间多元多重线性回归的拟合值矩阵的主成分分析（principal component analysis，PCA）。PCA 又称主分量分析，旨在利用降维的思想，把多指标转化为少数几个综合指标。在统计学中，PCA 是一种简化数据集的技术，它是一个线性变换，这个变换把数据变换到一个新的坐标系中，使得任何数据投影的第一大方差在第一个坐标（称为第一主成分）上，第二大方差在第二个坐标（称为第二主成分）上，以此类推。

本书主要通过 CCA 和 RDA，研究紫色土理化性质与细菌类群相对丰度变化之间的关系。

2.5.5　有机垃圾热解技术路线

本书主要按照着力解决有机垃圾热解炭的形成机理、过程控制与理化性质预测，以及有机垃圾热解炭在土壤中的降解过程，如何对土壤理化性质变化产生影响，如何对微生物群落结构产生影响等问题，进行有机垃圾热解技术路线的设计。

先期研究有机垃圾热解炭的理化性质、制取热解炭的影响因素和有机垃圾热解三相产物的分布及其化学组成，分析有机垃圾热解炭的形成机理，了解热解炭的结构特征；然后进行有机垃圾热解炭土壤培养试验，研究热解炭在土壤中的降解过程对土壤理化性质、温室气体释放和土壤微生物群落的影响，分析热解炭的结构特征及其在土壤中的环境行为与固碳减排效果；最后建立热解炭理化性质与热解温度和垃圾组分间的定量关系，确定特定结构特征的热解炭热解工艺参数。具体研究技术路线如图 2-1 所示。

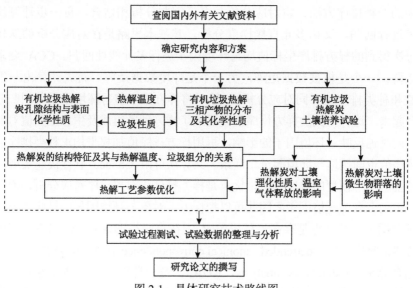

图 2-1　具体研究技术路线图

第3章　有机垃圾热解炭孔隙结构研究

3.1　引　　言

热解条件对热解炭的生成有着直接影响，决定着热解炭孔隙结构的形状与孔径大小。通过对热解条件进行有效的控制，可以得到具有良好孔隙结构的热解炭是本领域的一个重要研究方向。城镇有机垃圾成分复杂，除了含有厨余垃圾中常见的脂肪、淀粉、蛋白质等物质及塑料、橡胶等非生物质材料，还含有农林废弃物中常见的半纤维素、纤维素、木质素。有机垃圾性质对热解炭孔隙结构也有重要的影响。热解产生的热解炭结构，既可以归因于各个组分的物质构成，又可以归因于各个组分之间的相互影响。研究有机垃圾热解过程中不同组分中各成分之间的相互影响，以及混合物的不同组分对热解炭形成的影响，具有重要的意义。终温是热解的一个重要参数，也是影响热解炭形成的一个重要条件。不同的终温既会影响热解炭的产量和组成，又会影响热解炭孔隙结构的形成，因此，研究有机垃圾热解炭的孔隙结构问题，必须分析终温与热解炭孔隙结构之间的关系。

本章主要研究热解炭孔隙结构与热解条件之间的相关关系，这些条件主要包括垃圾组分和热解温度，其目的在于了解垃圾组分和热解温度是如何影响热解炭孔隙结构的，进而为构建热解炭理化性质与热解温度和垃圾组分间的定量关系提供实验数据。

3.2　有机垃圾的选择与热解炭形成

3.2.1　有机垃圾的组样选择

试验用垃圾取自垃圾中转站，挑选出其中的无机组分，将剩余的有机垃圾分为 5 类典型组分：厨余、塑料、纸屑、竹木和布织物。各个组分采集之后，首先进行清洗，自然晾干，105℃下烘干，再将有机垃圾粉碎为 3～5mm 粒径大小，然后密封存放在干燥器中备用。黄本生等（2003）对此进行了相关研究，主要以重庆市主城区生活垃圾组分为研究对象，5 类组分混合垃圾按表 3-1 所示比例进行配制，对于 2～4 组分混合垃圾，保持各组分的相对比例不变。各组分配制：竹木中木头和树叶各占 50%；塑料垃圾中 PE 和 PVC 各占 50%；厨余垃圾中骨头、剩饭、菜叶和果皮各占 10%、40%、40% 和 10%。对各个组分原料进行元素分析和工业分析，结果如表 3-2、表 3-3 所示。具体采用 CHNS-O 元素分析仪（vario EL Ⅲ）对元素进行分析，采用《固体生物质燃料工业分析方法》（GB/T 28731—2012）进行工业分析（表 3-3）。

表 3-1 混合垃圾的组成情况 （单位：%）

项目	厨余	塑料	竹木	布织物	纸屑
各组分比例（干基）	53.23	22.33	4.96	7.82	11.66

注：各百分比为质量占比。

表 3-2 有机垃圾各组分元素分析结果 （单位：%）

名称	氮	碳	硫	氢	氧
厨余	2.680	41.547	0.278	1.898	45.411
竹木	1.493	48.401	0.388	1.802	44.194
布织物	2.228	46.639	0.285	1.647	44.047
纸屑	1.231	40.117	0.201	1.424	42.930
塑料	—	62.050		9.550	

注：各百分比为质量占比。

表 3-3 有机垃圾各组分工业分析结果 （单位：%）

组分	厨余	木屑	纸屑	布织物	塑料	混合垃圾
固定碳（FC_{daf}）	14.17	16.73	11.77	7.05	—	9.944
挥发分（V_{daf}）	62.85	63.62	71.34	85.61	99.25	76.534
灰分（A_d）	16.32	15.32	8.99	3.13	0.3	8.812
水分（M_{ad}）	6.66	4.33	7.9	4.21	0.45	4.71

注：各百分比为质量占比。

3.2.2 有机垃圾热解炭试验设计

为研究垃圾组分对热解炭孔隙结构的影响，设计了单组分、两组分、三组分、四组分和五组分的热解试验。根据组合方式，共有 31 种组合。各组合垃圾按表 3-1 中各单组分的相对比例进行配制，如厨余加塑料的两组分混合垃圾，按厨余与塑料 53.23∶22.33 的比例进行配制；厨余加塑料加竹木的三组分混合垃圾，按厨余、塑料与竹木 53.23：22.33：4.96 的比例进行配制，其余以此类推。

1. 热解装置

试验装置如图 3-1 所示，整体由热解炉、冷凝系统、惰性气氛系统、温度控制系统、焦油冷凝收集系统五部分组成。热解炉采用 GF11Q-B 型箱式不锈钢内胆气氛炉（南京博蕴通仪器科技有限公司），如图 3-2 所示。惰性气氛系统载气为氮气，抽滤瓶与石英冷凝管组成焦油冷凝收集系统。

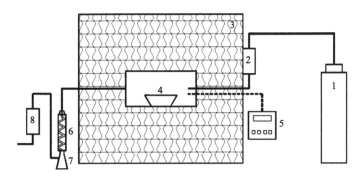

图 3-1　有机垃圾热解试验装置

1-氮气瓶；　2-氮气进气流量计；3-热解炉；4-炉膛；5-温控仪；6-石英冷凝管；　7-抽滤瓶；8-出气流量计

图 3-2　热解炉

2. 热解条件

试验热解条件见表 3-4。项目前期研究（张红炼，2014）表明，升温速率采用 10℃/min、20℃/min、30℃/min、50℃/min，升温速率影响有机垃圾热解的起始温度和终止温度，但对热解炭的产率影响不大。因此本研究升温速率均采用 10℃/min。通过延长有机垃圾在反应器中的停留时间，使有机垃圾更为充分地热解，进而促进有机垃圾进行转化。有机垃圾在热解装置中停留时间与热解处理量呈现出负相关，停留时间越短，则越可以增加处理量，提高热解效率。但与此同时，停留时间长则热解得更为充分，相反停留时间短，物料热解越不充分。试验达到终温后，在反应器中的停留时间为 1h，有机垃圾热解可以充分完成。有机垃圾热解按温度分为低温（<500℃）、中温（500～800℃）和高温（>800℃）。本研究目的在于制取热解炭，有机垃圾热解采用中温热解（500～800℃），其中，单组分和五组分热解终温设置为 500～800℃，两组分、三组分和四组分的热解终温设置为 700～800℃。

表 3-4   热解条件

终止温度/℃	升温速率/（℃/min）	载气流量/（mL/min）	停留时间/h	通载气排空时间/min	样品质量/g
500					
600					
700	10	300	1	30	50
800					

3.2.3   有机垃圾热解炭的制备

按照 50g（精确至 0.01g）质量取样，以选取热解物料的样品。每个样品按两个重复来设置。按照表 3-1 所列出的各个组分的相对比例将其混合。同时，选用热解坩埚的容量为 300mL。往热解坩埚中加入样品后放进热解炉，关闭炉门。检测并确认热解炉具有良好的气密性后，再往热解炉内通入氮气，以排空炉膛内的空气，排空时间设定为 30min。排完空气以后，按表 3-4 设置热解升温的条件，再启动热解炉开始热解。在热解过程中，始终保持通入氮气的流量为 300mL/min，以保持良好惰性气氛，促使热解气顺利排出。完成热解后，保持炉门关闭和惰性气氛的条件，等到炉膛内的温度降到 200℃以后，再取出热解坩埚并放置在干燥器中，继续冷却直到稳定到室温后称取质量，最后将热解炭取出，烘干后保存于密封袋中备用。制备的有机垃圾热解炭如图 3-3 所示。

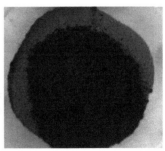

图 3-3　有机垃圾热解炭

3.2.4　4V/SbetT 和 BET 检测方法

BET 检测方法是 BET 比表面积检测法的简称，该方法因以著名的 BET 理论为基础而得名。BET 是三位科学家 Brunauer、Emmett、Teller 的首字母缩写，三位科学家从经典统计理论推导出的多分子层吸附模型，即著名的 BET 检测方法，成为颗粒表面吸附科学的理论基础，并被广泛应用于颗粒表面吸附性能研究及相关检测仪器的数据处理中。比表面积指每克物质中所有颗粒总外表面积之和，国际单位是 m^2/g。比表面积是衡量物质特性的重要参量，可由专门的仪器来检测，通常该类仪器需依据 BET 检测方法来进行数据处理。BET 氮吸附法一般耗时比较长，使用全自动比表面测试仪器，既可以减少试验强度，又可以保障精确性。目前，国外同类仪器都是全自动的。因此，在对热解炭的比表面积的计算中，研究用多点 BET 检测方法来计算。而对于热解炭孔隙结构状况，具体采用比表面积及微孔分析仪（型号为 ASAP2020M）来进行分析测定。首先在 100℃温度条件下，使样品在真空的状态下脱气 12h。然后在低温（77K）条件下，通过对高纯液氮的吸附效果来测定热解炭。热解炭的微孔体积用相对压力 P/P_0=0.99（P_0 为液氮温度下氮气的饱和蒸气压）时的吸附量来计算，热解炭的平均孔径用 $4V/S_{BET}$ 来计算（V 为单点吸附总孔容，S_{BET} 为比表面积）。

3.3　有机垃圾热解炭分析

3.3.1　单组分有机垃圾热解炭的孔隙结构

不同热解终温得到的各单组分有机垃圾热解炭的比表面积、微孔体积、平均孔径如图 3-4 所示。

通常，有机垃圾热解经过脱水、挥发性物质析出、二次裂解、缩合、氢化等阶段，温度为 100～150℃时，释放所吸收的水分；150～300℃时，生物质组分开

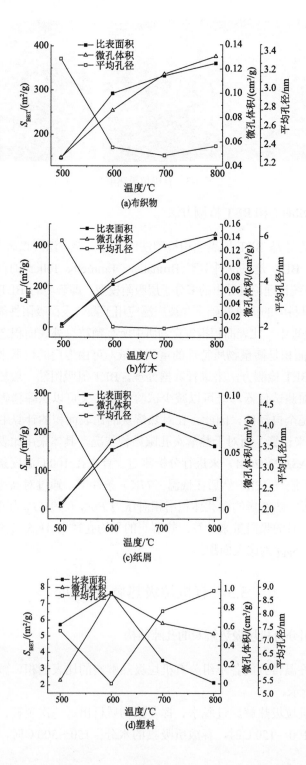

(a)布织物

(b)竹木

(c)纸屑

(d)塑料

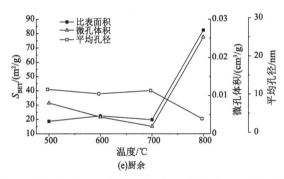

图 3-4 单组分不同热解终温热解炭比表面积、微孔体积、平均孔径变化情况

始分解，产生的气体主要是二氧化碳、一氧化碳、氢气和甲烷等，同时产生乙酸、丙酮、甲醇等；在 300～600℃时，可以检测到大量有机气体排出，这些有机气体进而分解为氢气、甲烷、甲醇、乙酸等。与此相伴随，还可以观察到产生了大量的焦油。当温度超过 600℃时，可以观察到焦油的产量开始逐步减少，但是仍有有机气体产生，这些气体可能既来源于原料的一次裂解，又来源于焦油等的二次裂解。热解的固相产物为热解炭，在热解过程中热解炭的孔隙结构逐步形成。当热解温度升高时，可以检测到挥发分大量析出，同时在生物质颗粒的内部，孔比表面积与热解炭孔容都增加，并随气体产物的析出，挥发分快速释放，生物质内部的微孔结构增多，微孔的孔径逐步减小，小孔大量开放，热解炭的结构逐渐趋于均匀化。而且当温度继续升高时，热解炭可塑性开始出现，并且伴有焦油析出，这导致部分孔隙被堵塞，从而缩小微孔的孔隙度。在这以后，与之前的无定型热解炭相比，热解炭的微晶结构的排列状态趋于规整，同时热解炭的密度增加，比表面积与孔隙度均出现下降状况（汪文祥等，2010）。

从图 3-4 可以看出，随热解温度变化，热解炭的微孔体积与比表面积变化趋势一致，与平均孔径变化趋势相反。布织物、竹木和纸屑三者热解炭的孔隙结构随温度的变化趋势类似，比表面积、微孔体积整体上随热解温度的增加而增大，平均孔径总体随热解温度的增加而减小；600℃时，平均孔径显著变小，微孔体积和比表面积明显增大，表明布织物、竹木和纸屑在 600℃热解温度下，有大量的挥发性物质析出。600℃是布织物、竹木和纸屑热解炭形成多孔结构的关键温度控制点。之后，随着热解温度升高，布织物、竹木和纸屑三者热解炭的平均孔径减小的趋势和微孔体积、比表面积增加的趋势均减缓。

厨余和塑料热解炭的孔隙结构随温度的变化趋势与布织物、竹木和纸屑不同。厨余热解炭的平均孔径、微孔体积和比表面积在热解温度小于 700℃时，变化不是太明显；当热解温度升至 800℃时，厨余热解炭的平均孔径显著变小，微孔体积和比表面积明显增大，表明厨余在 800℃热解温度下，有大量的挥发性物质析出。800℃是厨余热解炭形成多孔结构的关键温度控制点。然而需要指出的是，厨余成分较为复杂，骨头、剩饭、菜叶和果皮等中包括纤维素、半纤维素、脂肪、蛋白质等物质，它们可能对厨余热解过程中孔隙结构的形成产生交互影响。

塑料热解炭在热解温度为 600℃时，平均孔径最小，微孔体积和比表面积最大，表明塑料在 600℃热解温度下充分完成了热解，与温俊明（2006）研究的结果一致；之后，随着热解温度上升至 700℃、800℃，发生二次裂解，焦油析出，导致部分孔隙堵塞，孔隙度减小，平均孔径增大，微孔体积和比表面积均减小。塑料中的 PE 和 PVC 挥发分含量较高，热解失重主要发生在温度小于 600℃的情况（温俊明，2006），当温度小于 600℃时，由于挥发分大部分逸出，塑料热解炭孔隙结构相对较好。当温度大于 600℃时，热解炭中会析出焦油，而焦油的析出堵塞了一些热解炭的孔。并且在这个过程中随着温度上升，热解炭表面小孔会因熔融而闭合。当一些小孔闭合后，在平均孔径增大的同时，热解炭的比表面积减小。因此，热解温度大于 600℃对塑料热解炭孔隙结构的形成是不利的。已有研究表明（董芃等，2006），当温度在 300~500℃时，PE 发生热解。PVC 热解的阶段性特点非常明显，大致可以分为两个阶段：一是温度在 280~310℃出现明显热解现象；二是温度在 440~480℃出现明显热解现象。PVC 经过这两个阶段热解后，出现了大约 60%的失重。同时，当温度大于 600℃时，还可以检测到 PVC 出现失重现象，但热解速率的极值温度点不能较为明显地检测到。这些在本研究过程中基本得以反映。

热解温度为 600~800℃时，竹木、布织物、纸屑、厨余和塑料热解炭的比表面积分别为 207.4~430.6 m^2/g、292.6~361.2 m^2/g、153.1~218.1 m^2/g、19.8~82.4 m^2/g、2.1~7.7 m^2/g，微孔体积分别为 0.076~0.145 cm^3/g、0.086~0.130 cm^3/g、0.058~0.085 cm^3/g、0.002~0.025 cm^3/g、0.0005~0.025 cm^3/g，平均孔径分别为 1.9~2.4 nm、2.3~2.4 nm、2.1~2.3 nm、3.6~10.9 nm、5.4~8.9 nm。5 种单组分有机物热解炭的比表面积，竹木最大，其余依次为布织物、纸屑、厨余，塑料最小。竹木、布织物、纸屑、厨余和塑料热解炭的平均孔径为 1.9~10.9 nm，表现为中孔结构。纸屑热解炭在 700℃时比表面积（218.1 m^2/g）最大，而 800℃时比表面积（162.8 m^2/g）减小。同时，在 700~800℃可以检测到纸屑热解炭的平均孔径在增加，而其微孔体积却在变小。这是由于在高温条件下灰分内的矿物质盐进行熔化和聚合，直接导致热解炭表面小孔堵塞与融合，比表面积出现减小现象。

竹木、纸屑、布织物 3 个组分的热解炭比表面积、微孔体积大于厨余和塑料的。竹木、纸屑、布织物拥有较为相似的物质结构，主要包括纤维素、半纤维素、木质素等，这些成分的热稳定性低，易于分解挥发，形成高孔隙度、大比表面积的孔隙结构。解立平等（2002）在共热解塑料、纸屑、木屑时也发现，纸屑、木屑热解炭拥有发达的微孔结构（< 2 nm），而塑料热解炭中孔结构（2～50 nm）比较发达。各单组分的热解炭的平均孔径为 2～50 nm，表现为中孔结构。需要注意的是，热解炭的平均孔径不能反映其实际的孔径分布，只可将其作为分析孔隙结构的参考。

3.3.2　垃圾性质对热解炭孔隙结构的影响

从单组分垃圾热解试验结果看，热解温度为 700℃、800℃时热解炭的孔隙较为发达、比表面积较大，这有利于热解炭的后续利用，因此在研究垃圾组分对热解炭孔隙结构的影响时，将热解终温设置为 700℃和 800℃。

1. 两组分

1）布织物与其余单组分混合热解炭孔隙结构

布织物与其余组分两两混合共热解产生的热解炭的孔隙结构如图 3-5 所示。从图 3-5 可以看出，布织物与其他四类组分分别组合热解，热解炭比表面积从大到小的组合顺序是布织物加竹木＞布织物加纸屑＞布织物加厨余＞布织物加塑料，相应的热解炭比表面积在 700℃热解温度下分别为 305.1 m²/g、223.3 m²/g、14.8 m²/g、4.3 m²/g，800℃热解温度下分别为 418.9 m²/g、171.5 m²/g、20.3 m²/g、18.0 m²/g。除布织物加纸屑组合外，其余组合 800℃热解炭的比表面积较 700℃大。由于受纸屑热解的影响，布织物加纸屑热解炭比表面积则是 700℃热解条件下高于 800℃热解条件下。

当布织物分别与竹木、纸屑混合热解时，形成的热解炭的比表面积、微孔体积、平均孔径试验值与计算值相差较小，大部分相对误差小于 20%；而布织物与厨余、塑料混合热解时，形成的热解炭的比表面积、微孔体积、平均孔径试验值与计算值相差较大，大部分相对误差高于 60%。这些表明，结构相似的物质混合热解，物质间的热解交互影响并不凸显，热解炭的孔隙结构表现为单组分热解的加和，使得对这类混合垃圾热解炭的孔隙结构的预测成为可能；厨余、塑料与布织物的物质结构不同，其热解炭的孔隙结构受热解交互影响较为明显。厨余单组分在 700℃、800℃时的热解炭比表面积分别为 19.8 m²/g、82.4 m²/g，布织物单组分在 700℃、800℃时的热解炭比表面积分别为 332.9 m²/g、361.2 m²/g，而厨余与布织物混合组分在 700℃、800℃时的热解炭比表面积仅为 14.8 m²/g、20.3 m²/g，较它们各自单独热解的值均小，塑料与布织物混合组分热解也有类似情况。这些表明，厨余、塑料与布织物混合热解，由于受各自热解产物（如焦油）的交互影响，热解炭的小孔被焦油填充，以及小孔在热解过程中熔融闭合，使得热解炭的平均孔径逐渐增大，相反热解炭的比表面积逐渐变小。

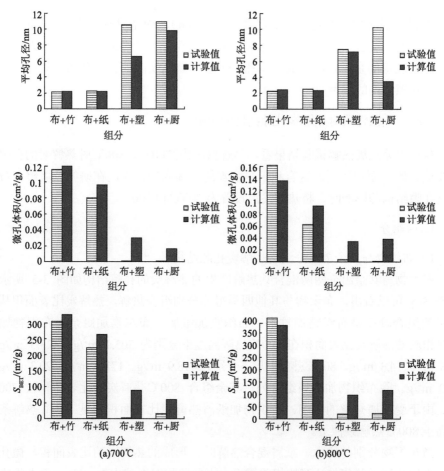

图 3-5　布织物与其余单组分混合热解炭孔隙结构

布表示布织物；竹表示竹木；塑表示塑料；厨表示厨余。下同

2）竹木与其余单组分混合热解炭孔隙结构

竹木与其余组分两两混合共热解产生的热解炭的孔隙结构如图 3-6 所示。从图 3-6 可以看出，竹木与其余组分两两混合热解，热解炭的孔隙结构变化同布织物与其余组分两两混合热解炭的孔隙结构变化类似。有意思的是，竹木与纸屑混合热解炭的比表面积试验值均比计算值大，在 700℃、800℃热解温度下分别高出 2.7% 和 19.8%，表明竹木与纸屑混合热解有利于促进热解炭多孔结构的形成，这与其他两组分垃圾混合热解是不同的。此外，尽管塑料、厨余与竹木混合热解交互影响较为明显，但与塑料、厨余与布织物混合热解交互影响相比，程度有所减轻，这也许是竹木热解炭与布织物热解炭的结构特性差异所致。

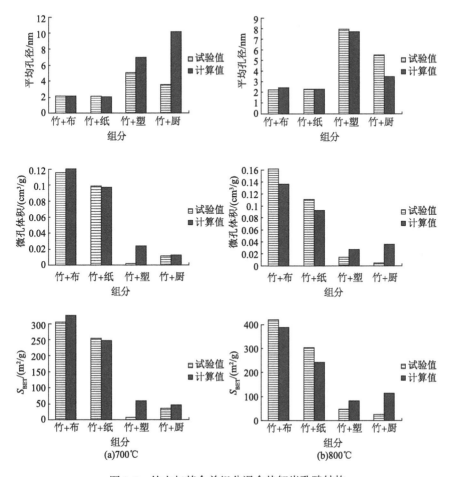

图 3-6 竹木与其余单组分混合热解炭孔隙结构

3）纸屑与其余单组分混合热解炭孔隙结构

纸屑与其余组分两两混合共热解产生的热解炭的孔隙结构如图 3-7 所示。从图 3-7 可以看出，纸屑与其余组分两两混合热解，热解炭的孔隙结构变化同竹木与其余组分两两混合热解炭的孔隙结构变化类似。纸屑与竹木拥有相似的化学组成，其与厨余混合热解交互影响，也较布织物与厨余混合热解交互影响的程度有所减轻。纸屑与塑料混合热解产生的热解炭比表面积在 700℃、800℃热解温度下分别为 3.1 m²/g、3.9 m²/g，基本与塑料单组分热解炭比表面积（3.5 m²/g、2.1 m²/g）相近，明显较纸屑单组分热解炭比表面积（218.1 m²/g、162.8 m²/g）低，表明纸屑与塑料共热解，受塑料热解产物（焦油）的影响，热解炭难以形成多孔结构。

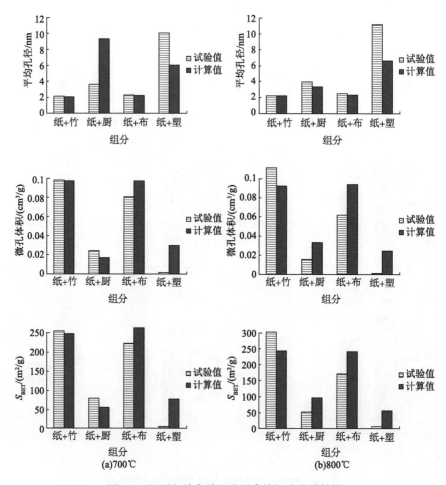

图 3-7   纸屑与其余单组分混合热解炭孔隙结构

4）厨余与其余单组分混合热解炭孔隙结构

厨余与其余组分两两混合共热解产生的热解炭的孔隙结构如图 3-8 所示。从图 3-8 可以看出，除厨余与纸屑、厨余与竹木组合外，厨余与其他组分混合热解炭的比表面积、微孔体积和平均孔径的试验值与计算值均相差较大，说明厨余与其余组分混合在一起，在热解过程中具有比较明显的交互影响，其中厨余与塑料混合在一起进行热解时，产生的固相产物热解炭的孔隙结构受到最大影响。

5）塑料与其余单组分混合热解炭孔隙结构

塑料与其余组分两两混合共热解产生的热解炭的孔隙结构如图 3-9 所示。从图 3-9 可以看出，塑料与其余组分混合在一起进行热解时，制取的热解炭微孔体积、比表面积和平均孔径的试验值与计算值相差较大，比表面积、微孔体积的试验值均较计算值低。塑料与其余组分混合热解炭的比表面积，700℃热解温度下为 0.7～6.3 m²/g，800℃热解温度下为 3.9～47.0 m²/g，总体上较塑料单组分热解炭比表面积（3.5 m²/g、2.1 m²/g）有所提高，但明显比计算值小。这些情况充分说明，塑料与其余组分混合在一起热解时，塑料起着反向作用，阻碍热解炭多孔结构的形成。分析原因，主要是在高温状态下具有很强热塑性的塑料十分容易闭合其他组分的孔隙，堵塞挥发分逸出通道，进而使热解炭多孔结构难以形成。

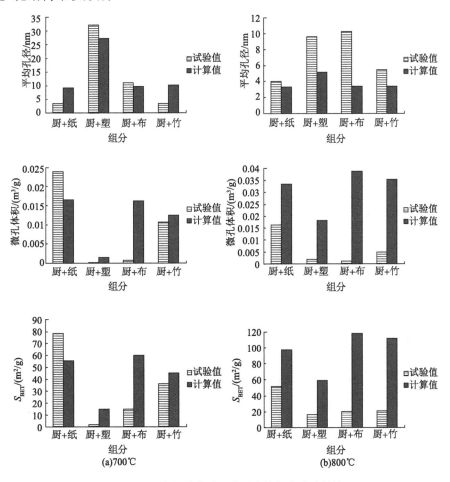

图 3-8　厨余与其余单组分混合热解炭孔隙结构

2. 三组分

三组分混合垃圾热解炭比表面积、微孔体积、平均孔径试验结果见图 3-10。由图 3-10 可见，布织物加竹木加纸屑组合热解炭比表面积最大，在 700℃、800℃热解温度下分别为 228 m²/g、218 m²/g，且试验值与计算值较为接近，相对误差不超过 30%，这进一步说明竹木、纸屑、布织物拥有较为相似的物质结构，物质间的热解交互影响并不凸显。塑料加纸屑加厨余以及塑料加纸屑加布织物的组合热解炭比表面积较小，在 700℃热解温度下分别为 4.3 m²/g、6.0 m²/g，且试验值与计算值相差较大，表明塑料、厨余的存在不利于混合垃圾热解炭多孔结构的形成。

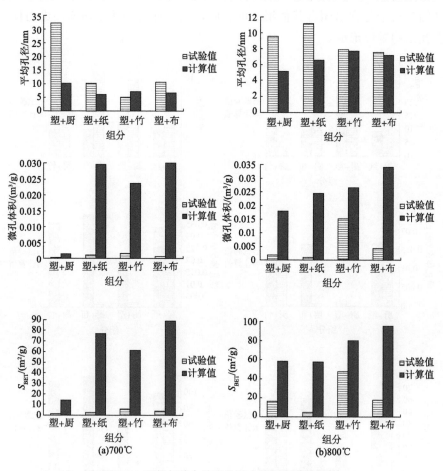

图 3-9   塑料与其余单组分混合热解炭孔隙结构

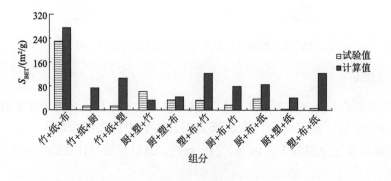

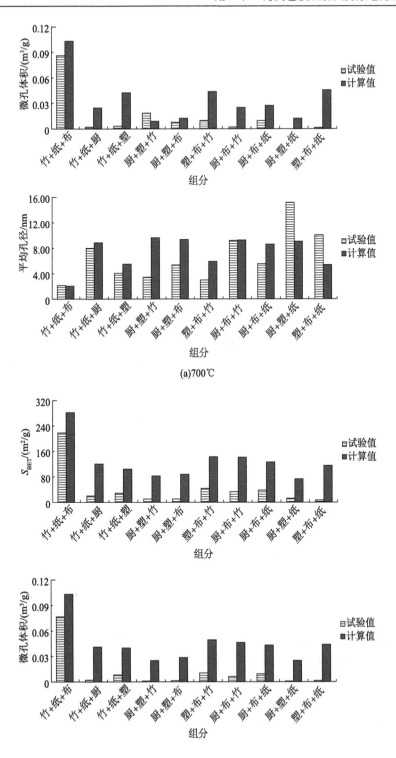

(a)700℃

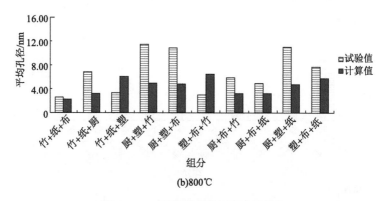

图 3-10 三组分混合热解炭孔隙结构

3. 四组分

图 3-11 为四组分混合热解炭孔隙结构。如图 3-11 所示，除 700℃热解温度下厨余加竹木加纸屑加布织物组合的热解炭比表面积为 134 m²/g 外，其余的比表面积均小于 100 m²/g，这进一步表明热塑性塑料对热解炭多孔结构的形成不利。因此，为获取多孔结构热解炭，在有机垃圾热解时，可以通过分选去除塑料组分。热解炭比表面积，除 700℃热解温度下厨余加竹木加纸屑加布织物和厨余加竹木加纸屑加塑料两个组合外，其余组合的试验值均小于计算值。

4. 五组分

五组分混合垃圾制取的热解炭，其微孔体积、平均孔径与比表面积的试验结果如图 3-12 所示。根据单组分试验结果与各组分所占比例，通过加权平均法计算五组分混合垃圾制取的热解炭的微孔体积、平均孔径和比表面积（计算值），结果见图 3-12。如果五组分混合垃圾的热解过程各自独立完成，理论上计算值应与试验值一致。从图 3-12 可以看出，500～700℃时计算值与实测值相差较大，表明各组分物质在热解过程中并非简单地独立完成，而是存在交互影响，这使得对混合垃圾热解炭的孔隙结构的预测变得较为困难。与 500～700℃的热解温度相比，在 800℃热解温度下，混合垃圾热解炭比表面积、微孔体积、平均孔径的计算值与试验值相差较小，这也许是由于各组分在此温度下热解进行得相对充分，各组分之间交互影响的作用变得比较微弱。

五组分混合垃圾制取的热解炭，其孔隙结构具有这样的变化特征：微孔体积和比表面积与热解温度呈现正相关，平均孔径则与热解温度呈现负相关。在 600℃热解温度下，也许受塑料热解的影响，这种变化趋势出现波动。在 800℃热解温度下，混合垃圾热解炭的比表面积为 115 m²/g，微孔体积为 0.037 cm³/g，平均孔径为 2.49 nm，各值均处于单组分竹木、布织物、纸屑的数值和厨余、塑料的数值之间。由于受厨余和塑料的影响，混合垃圾热解炭的比表面积相较于 Qiu 等（2009）利用稻草制取的热解炭的比表面积（1057 m^2/g）低一个数量级，也较活性炭比表面积（970 m^2/g）低。

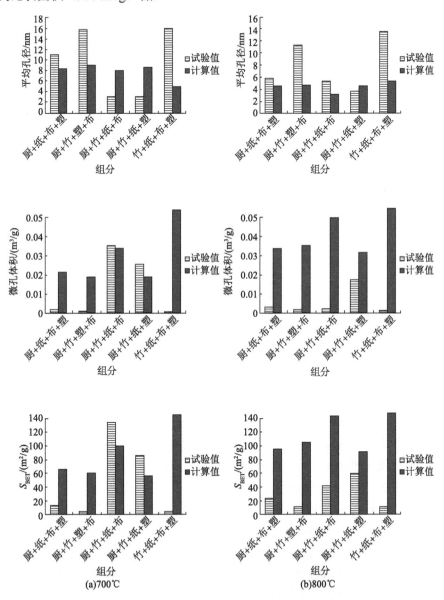

图 3-11　四组分混合热解的热解炭孔隙结构

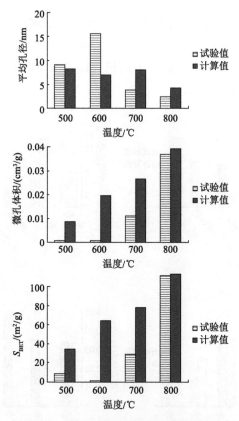

图 3-12　五组分混合垃圾热解炭孔隙结构

3.4　小　结

　　布织物、竹木和纸屑热解炭的孔隙结构随温度的变化趋势类似，比表面积、微孔体积整体上随热解温度的增加而增大，平均孔径整体上随热解温度的增加而减小。600℃是布织物、竹木和纸屑热解炭形成多孔结构的关键温度控制点。纸屑热解炭在 700℃时比表面积最大，而 800℃时比表面积有所减小，同时微孔体积也变小、平均孔径增加。厨余和塑料热解炭的孔隙结构随温度的变化趋势与布织物、竹木和纸屑不同。800℃是厨余热解炭形成多孔结构的关键温度控制点。塑料在 600℃热解温度下充分完成了热解，超过 600℃对塑料热解炭孔隙结构的形成不利。在 600～800℃热解温度下，研究的 5 种单组分有机物热解炭的比表面积，竹木最大，其余依次为布织物、纸屑、厨余，塑料最小；热解炭的平均孔径为 1.9～10.9 nm，表现为中孔结构。

　　不同组分混合垃圾热解并非简单地独立完成，而是存在交互影响，这使得对混合垃圾热解炭的孔隙结构的预测变得较为困难。布织物、竹木和纸屑等结构相似的物质混合热解，物质间的热解交互影响并不凸显，热解炭的孔隙结构表现为单组分热解的加和。厨余、塑料与布织物、竹木和纸屑的物质结构不同，其热解炭的孔隙结构受热解交互影响较为明显。为获取多孔结构热解炭，在有机垃圾热解时，可以通过分选去除塑料组分。

第4章　有机垃圾热解炭表面化学性质

4.1　引　　言

热解炭表面化学性质，包括表面官能团与化学元素，受热解终温、热解原料等热解条件的影响。热解炭的稳定性及对土壤理化性质与作物生长的影响与热解炭的表面化学性质密切相关。因此，进一步优化热解工艺，使制取的热解炭更加有利于土壤改良，已经成为对热解炭进行深入研究的重要内容之一。城镇有机垃圾成分复杂，热解炭的表面化学性质受组成成分的影响，开展垃圾组成成分对热解炭表面化学性质的研究具有重要意义。热解终温既会使热解炭的表面化学性质受到影响，又会使热解炭产物的产量、组成等受到影响，因此，热解终温应作为热解条件中较为重要的一个参数。本章主要研究热解条件（垃圾组分、热解终温）与热解炭表面化学性质之间的相关关系，通过对不同组分及其组合以及不同热解终温下热解炭表面化学性质的分析，包括热解炭的 pH、表面官能团种类、表面酸碱官能团含量等，了解温度及垃圾组分对热解炭表面化学性质的影响。

4.2　有机垃圾热解炭形成的材料与方法

4.2.1　供测试所需的热解炭

试验用热解炭按前面所述制备，即试验原料、试验装置及热解条件均同前面的章节。

4.2.2　有机垃圾试验设计

为研究垃圾组分、热解终温对热解炭表面官能团的影响，设计了单组分、两组分、三组分、四组分和五组分的热解试验。根据组合方式，共有 31 种组合，每种组合热解终温分别设定为 500℃、600℃、700℃、800℃。各组合垃圾按表 3-1 中各单组分的相对比例进行配制。为进一步了解热解炭的表面化学性质，进行酸、碱官能团和表面化学元素分析，由于 800℃热解炭的孔隙较为发达，同时考虑今后的工程应用，酸、碱官能团和表面化学元素分析研究采用的热解炭为混合垃圾 800℃热解炭。

4.2.3　有机垃圾分析测试

1. pH

采用 PHS-3E 型酸度计测定热解炭 pH，pH 检测参考《木质活性炭试验方法 pH 值的测定》（GB/T 12496.7—1999）。其具体检测过程：取干燥的热解炭在天平中称取质量，使样品的质量确定在 2.50g（±0.01g）。然后，取用锥形瓶（100 mL），将热解炭放入锥形瓶中，再向锥形瓶中加入纯净的蒸馏水 50 mL。将准备好的锥形瓶进行加热煮沸，然后保持煮沸状态 5 min，再补充进蒸发掉的水量，经过过滤，弃去初滤液 5 mL。余液冷却至室温后，再用酸度计测定 pH。

2. 表面官能团

1）FTIR 定性分析

取适量干燥热解炭和无水 KBr，按质量比 1∶100 混合，在玛瑙碾钵中碾磨，混匀后压片、制样，在傅里叶变换红外光谱（FTIR）仪（IRPvestige-21，日本岛津公司）上测试，得到红外光谱图。设定测试条件：扫描波数范围为 400~4000 cm^{-1}，扫描次数为 16 次，分辨率为 4 cm^{-1}。

2）测定表面含氧官能团

Boehm 滴定法（Boehm，1994）是根据碱性或酸性的不同强度，以及热解炭表面氧化物反应出现的可能性，对氧化物进行定性与定量分析的方法。这里，采用 Boehm 滴定法对热解炭表面含氧官能团含量进行检测。由于热解炭表面的氧有着不同的键合状态，因此会表现不一样的酸碱性，酸碱度也有着较大的差别。相关研究表明，在热解炭表面，羧基可被 NaHCO$_3$（pK_{NaHCO_3}=6.37）中和，内酯基、羧基、酚羟基可被 NaOH（pK_{NaOH}=15.74）中和，内酯基、羧基可被 Na$_2$CO$_3$（p$K_{Na_2CO_3}$=10.25）中和，碱性官能团可被 HCl 中和。因此，采用 Boehm 滴定法，可以由酸、碱的消耗量计算相应官能团的含量。

Boehm 滴定法的操作方法如下。

总酸性官能团含量：在装有 0.5g 热解炭的 100mL 离心管中添加浓度为 0.05mol/L 的 NaOH 溶液 50mL，25℃条件下振荡吸附 24h（150r/min），过滤，用蒸馏水清洗，收集所有滤液。以甲基橙为终点指示剂，以 0.05mol/L 的 HCl 溶液滴定滤液中尚未反应的 NaOH 溶液至终点。根据消耗的 HCl 溶液量可算出热解炭中酸性官能团的含量。每个样品平行测试两次。

总碱性官能团含量：在装有 0.5g 热解炭的 100mL 离心管中添加浓度为 0.05mol/L 的 HCl 溶液 50mL（过量酸），25℃条件下振荡吸附 24h（150r/min），过滤，用蒸馏水清洗，收集所有滤液。以酚酞为终点指示剂，以 0.05mol/L 的 NaOH 溶液滴定滤液中尚未反应的 HCl 溶液至终点。根据消耗的 NaOH 溶液量可算出热解炭中碱性官能团的含量。每个样品平行测试两次。

3. 表面化学元素分析

表面化学元素分析采用美国热电公司的 K-Alpha 型 X 射线光电子能谱（XPS）仪。测定条件：激发源为单色化的 Al K_α，分辨率为 0.1eV，全扫描透过能为 50eV；同时对各元素进行窄扫描，以获得高分辨率谱图。

4.3　有机垃圾热解炭形成及分析

4.3.1　有机垃圾热解炭的 pH 测试

图 4-1 显示了各单组分和混合垃圾热解炭在不同热解终温下的 pH。由图 4-1 可以看出，单组分和混合垃圾制取的热解炭的 pH 与热解温度正相关，即当热解温度升高时 pH 随之升高。从 XPS 分析可知，碳酸盐是热解炭中碱性物质的主要存在形态，这与袁金华和徐仁扣（2011）的研究结果一致。袁金华和徐仁扣（2011）的研究表明，随热解温度的升高，热解炭中的碳酸盐总量以及结晶碳酸盐含量都与温度呈现出正相关，这逐渐增强了热解炭的碱性。厨余、竹木、纸屑、布织物、塑料以及混合垃圾热解炭的 pH 均大于 7.0，呈现碱性。各种材料的 pH 从大到小的排序为厨余>竹木>纸屑>混合垃圾>布织物>塑料，最高的厨余热解炭的 pH 为 10.43～10.69，最低的塑料热解炭的 pH 为 7.16～7.41。厨余、竹木、纸屑为生物质类原料，塑料、布织物为非生物质原料。从试验结果不难看出，前三种生物质类原料的热解炭的 pH 总体高于后两种非生物质原料的热解炭的 pH，而混合垃圾热解炭的 pH 正好介于这二者之间。

从图 4-1 各组分的工业分析结果不难看出，厨余、竹木、纸屑、布织物、塑料以及混合垃圾的热解炭 pH 从大到小的顺序为厨余>竹木>纸屑>混合垃圾>布织物>塑料，与相应热解炭的 pH 变化趋势一致。热解炭的 pH 与灰分中的碳酸盐含量密切相关，通常物料的灰分含量越高，灰分中的碳酸盐含量越高，相应的热解炭的 pH 也就越大，从而表现为原料的灰分含量较高，相应的热解炭 pH 越大。

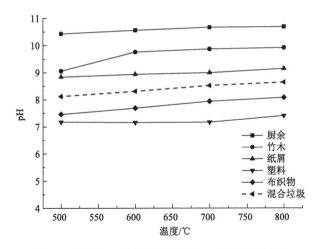

图 4-1　单组分、混合垃圾热解炭 pH 随温度的变化

4.3.2　有机垃圾热解炭表面官能团性状

1. 温度对热解炭官能团的影响

1）单组分

图 4-2 为 500～800℃热解温度下布织物热解炭的红外光谱图。由图 4-2 可见，布织物热解炭红外光谱图上出现了多个吸收峰，其中 3740 cm^{-1} 的吸收峰来自空气中游离水上的 O—H 的伸缩振动，3310 cm^{-1} 处吸收宽峰来自羟基上的 O—H 的伸缩振动；500℃时，芳环上的 C—H 面外弯曲振动吸收峰分别位于 870 cm^{-1}、750 cm^{-1}，芳环上的 C—C 伸缩振动吸收峰则位于 1450 cm^{-1}、1560 cm^{-1}，1700 cm^{-1} 处吸收峰是羧酸羰基 C=O 的振动吸收峰。从布织物热解炭的红外光谱

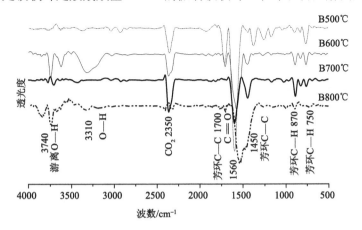

图 4-2　500～800℃热解温度下布织物热解炭的红外光谱图

B 代表热解炭

图可知，布织物热解炭的官能团的种类随温度发生一定的变化。其中，含氧官能团羟基上的 O—H 以及羧基上的 C=O 的振动峰随着温度的升高越来越小，表明布织物热解炭含氧官能团数量随温度的升高而减少，当热解温度为 700℃以上时，这些含氧官能团基本消失；芳环上的 C—C 吸收峰随着温度的升高逐渐增强，而芳环上的 C—H 面外弯曲振动吸收峰逐渐减弱，表明布织物热解炭芳环官能团数量随温度的升高而增加，芳环取代基随温度的升高而逐渐消失，芳香结构随温度的升高而逐渐增强，在 800℃达到最大，高温热解有利于布织物热解炭芳香结构的形成。

图 4-3 为 500~800℃热解温度下竹木热解炭的红外光谱图。纤维素、半纤维素是竹木的主要成分，其主链上含有醚键 C—O—C（郝蓉等，2010）。从图 4-3 可以看出，500℃热解温度下竹木热解炭在 1080 cm^{-1} 处出现较强的吸收峰，该峰主要来自 C—O—C 的振动吸收，而 600℃热解温度下该吸收峰消失，其原因在于随着温度的升高，脂肪醚键 C—O—C 基团逐渐裂解，在 600℃以上时全部脂肪醚键均裂解而消失，这也表明脂肪醚键 C—O—C 基团热稳定性差。竹木热解炭还含有羟基含氧官能团，在 3200 cm^{-1} 处可以观察到羟基 O—H 伸缩振动吸收峰。此外，由于竹木热解炭含有羧基，因此在 1710 cm^{-1} 处可以观察到羧基 C=O 伸缩振动吸收峰。其中，羟基 O—H 振动吸收峰在 4 个热解终温下变化不明显；而羧基 C=O 在 500℃热解炭中峰形（1710 cm^{-1}）较为明显，并随温度的升高峰值变小，这与布织物热解炭相似。竹木热解炭中 C=O 键随着热解温度的升高逐渐发生断裂，生成水和气体析出，使得含氧官能团数量逐步减少。图 4-3 还显示，在 870 cm^{-1}、750 cm^{-1} 处竹木热解炭出现吸收峰，它们为芳环上的 C—H 面外弯曲振动吸收峰。竹木热解炭含有 C—C，由于 C—C 伸缩振动，芳环上的吸收峰出现在

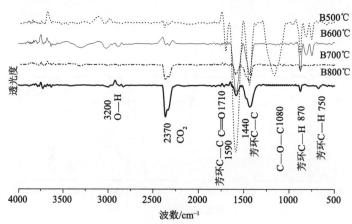

图 4-3　500~800℃热解温度下竹木热解炭的红外光谱图

1440 cm⁻¹、1590 cm⁻¹处。竹木热解炭红外光谱出现 C—H 面外弯曲振动吸收峰，同时还出现芳环上的 C—C 伸缩振动吸收峰，芳环各个吸收峰峰值与温度呈现负相关，表明竹木热解炭芳环官能团数量随温度的升高而逐渐减少，这可能是由于在热解过程中竹木自身的芳环会发生裂解，进而分解生成小分子的自由基。在高温条件下，裂解生成的自由基会通过聚合和环化反应生成芳香族类化合物。但从总体上来说，木质素分解的速度要快一些，芳香化合物再聚合速度相对较慢，从而导致高温热解炭的芳环官能团数量减少。尽管如此，竹木热解炭仍含有较多的芳环官能团，只是在 700℃以上芳环取代基官能团消失，表明高温热解炭芳环结构的稳定性进一步加强。

图 4-4 为 500～800℃热解温度下纸屑热解炭的红外光谱图。从图 4-4 可以看到，红外光谱在 3640 cm⁻¹处出现吸收峰，这说明纸屑热解炭官能团主要有羟基 O—H；红外光谱在 1430 cm⁻¹处出现吸收峰，这说明纸屑热解炭具有芳环，吸收峰主要归因于芳环上的 C—C 振动；红外光谱在 870 cm⁻¹以及 710 cm⁻¹处出现吸收峰，这是芳环上的 C—H 振动所致；红外光谱在 1020 cm⁻¹处具有较强的振动吸收峰，这是纸屑热解炭芳香醚键或脂肪醚键 C—O—C 振动所致。由图 4-4 可以看出，纸屑热解炭芳环上 C—C 伸缩振动吸收峰与温度正相关，随着温度的升高而增强，这归因于纸屑含有纤维素和半纤维素，以及少量的木质素，纸屑中的这些物质经裂解后形成各种单体和中间化合物，这些中间化合物再聚合、重组、环化形成芳环结构，从而增加纸屑热解炭芳环官能团数量。与布织物和竹木热解炭不同的是，随热解温度的升高，纸屑热解炭芳环上的 C—H 面外弯曲振动吸收峰有所增强，这说明随温度的升高，纸屑热解炭芳环取代基官能团并未消失。在低温状态下脂肪醚键 C—O—C 已经发生断裂，所以从红外光谱图可以看出，1020 cm⁻¹处 C—O—C 吸收峰随温度的升高逐渐增强。高温增强的吸收峰主要为芳香醚键的振动吸收峰。

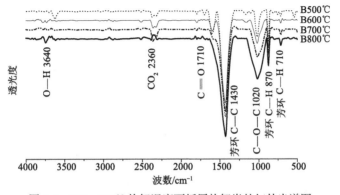

图 4-4 500～800℃热解温度下纸屑热解炭的红外光谱图

厨余热解炭官能团主要有羟基、苯环和芳环等。其中，羟基在 3400 cm⁻¹ 处出现 O—H 吸收峰，芳环在 1590 cm⁻¹ 处出现 C—C 吸收峰，芳环还在 870 cm⁻¹ 和 750 cm⁻¹ 处出现 C—H 吸收峰，芳环在 1440 cm⁻¹ 处出现吸收峰，芳香族的醚键在 1080 cm⁻¹ 处出现 C—O—C 吸收峰。800℃热解温度下，在 2010 cm⁻¹ 处出现 C≡C 振动吸收峰。500℃热解温度下，羟基 O—H 振动吸收峰较强，之后随温度的升高而消失。厨余热解炭芳香结构的化合物与温度正相关，出现随热解温度升高而增加的现象，因为大部分芳环是通过热解中间产物重组，所以芳香结构振动吸收峰与热解温度呈现出正相关，随着温度升高而增强。厨余热解炭在 580 cm⁻¹ 附近，出现 P—O 键的中强度吸收双峰，它可能源于骨头成分中的磷酸钙（图 4-5）。

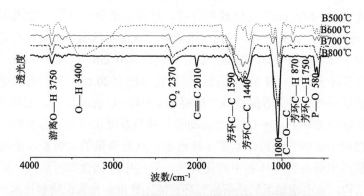

图 4-5　500～800℃热解温度下厨余热解炭的红外光谱图

图 4-6 为 500～800℃热解温度下塑料热解炭的红外光谱图。塑料热解炭的官能团包括羟基、芳环、苯环等。其中，在红外光谱 3420 cm⁻¹ 处，羟基出现 O—H 吸收峰。在红外光谱 1430 cm⁻¹ 处，芳环出现吸收峰。在红外光谱 1620 cm⁻¹ 处，芳环出现 C—C 振动吸收峰；在红外光谱 870 cm⁻¹ 和 710 cm⁻¹ 处，出现 C—H 吸收峰。在红外光谱 1800 cm⁻¹ 处，芳香族的醚键 C≡O 出现吸收峰。另外，在红外光谱 540 cm⁻¹ 处，出现卤代烃 C—Cl 基团吸收峰。从图 4-6 可以看出，塑料热解炭有明显的芳环吸收峰。在高温条件下 PE 发生裂解，并通过环化作用生成芳香化合物。PVC 裂解时可以在主链形成双键，通过高温主链还可以继续裂解。PVC 高分子具有双键结构，并存在支链，从而促进环化作用，进而生成苯、甲苯、二甲苯、苯乙烯等芳香化合物。塑料热解炭芳环上 C—C 的振动吸收峰强度随着热解温度的升高先增强后减弱，在 700℃时吸收峰强度达到最大，这说明塑料热解炭在 700℃以下时芳香化合物生成量与温度正相关，但随着温度超过 700℃，生成的芳香化合物将发生裂解，因而在红外光谱中表现出

在 700℃时达到最大峰强。

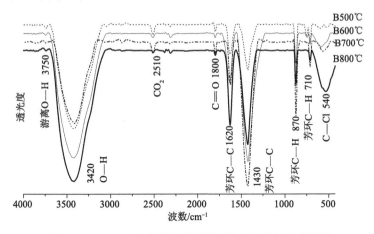

图 4-6 500～800℃热解温度下塑料热解炭的红外光谱图

塑料热解炭中 C—Cl 吸收峰强度随热解温度的升高而增强。PVC 是塑料热解炭中 C—Cl 基团的主要来源，这是 Cl 被固定在塑料热解炭中所致。PVC 中还有一部分 Cl 在热解过程中以气态 HCl 的形式逸出。Miranda 等（2001）对此进行了深入研究，研究结果表明真空热解纯 PVC 时，所得到的固体残渣中 Cl 含量为 2500 ppm。

图 4-6 显示，塑料热解炭在 3420 cm^{-1} 处出现较强的吸收峰，表明塑料热解炭含有 O—H 基团。然而，本研究采用的 PE 和 PVC 塑料在氧气稀少条件下热解，理论上不会生成含氧官能团，其原因在于用于热解的塑料不含 O。因此，可以认为 O—H 基团可能来源于塑料热解炭吸收空气中的水分。在试验过程中确实发现，与其他几种热解炭相比，塑料热解炭表面附着较多的水分。

2）五组分混合垃圾

图 4-7 为 500～800℃热解温度下五组分混合垃圾热解炭的红外光谱图。从图 4-7 可以看出，不同温度混合垃圾热解炭红外光谱图主要出峰位置和强度存在差异。3425 cm^{-1} 处为 O—H 振动吸收峰，来源于原料热解过程生成的酚羟基以及空气中的水分，该吸收峰受热解温度的影响较小。2914 cm^{-1}、2850 cm^{-1} 分别是 C—H 伸缩振动吸收峰。在混合垃圾热解过程中，这些吸收峰先增强后减弱，表明热解温度为 500～800℃时，随着热解温度升高，脂肪族 C—H 吸收峰先增强，600℃时最大，之后，随着热解温度升高，脂肪族 C—H 转向降解，温度高于 700℃时基本消失。1610 cm^{-1}、1428 cm^{-1} 为芳环上的 C—C 伸缩振动吸收峰，870 cm^{-1}、750 cm^{-1} 为芳环上的 C—H 面外弯曲振动吸收峰。这些特征峰的强度随热解温度的升高总体呈现增强趋势，表明混合垃圾热解过程中，受各组分的

交互影响，热解炭芳香化程度随热解温度升高总体增大。1040 cm^{-1} 处存在芳香醚键 C—O—C 的特征峰，吸收峰强度随温度的升高而增强。580 cm^{-1} 附近出现的吸收双峰为 P=O 键的振动吸收峰，其峰强与温度正相关，这说明温度升高将会提升磷酸盐含量。可能是高温热解降低炭产率，导致磷酸盐的富集，从而提高了磷酸盐含量。

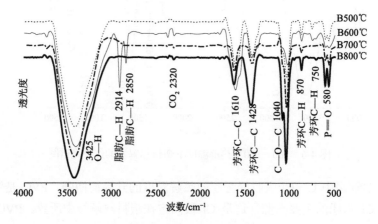

图 4-7　500～800℃热解温度下五组分混合热解炭的红外光谱图

2. 组分对热解炭官能团的影响

1）二组分

图 4-8 为 800℃热解温度下布织物与其余单组分两两混合热解炭的红外光谱图。从红外光谱图可以发现，相比于布织物单组分，布织物与纸屑混合在一起进行热解，芳环 C—C 振动吸收峰和 C—H 面外弯曲振动吸收峰强度明显加强，表明布织物加纸屑组合热解炭芳香化程度增加；布织物加竹木、布织物加厨余组合热解炭 C—O—C 振动吸收峰强度增强，表明芳香醚官能团数量增加；布织物加厨余、布织物加塑料出现 C—Cl 特征振动峰，表明经过热解，厨余、塑料中的 Cl 有部分固定于热解炭中，一定程度上可以减少 HCl 的排放。从单组分热解炭和布织物与其余组分组合热解炭的红外光谱图可以看出，各单组分热解炭官能团在组合组分热解炭中均有所反映，官能团种类与热解原料密切相关。

图 4-9～图 4-12 分别为 800℃热解温度下厨余、竹木、纸屑和塑料与其余单组分两两混合热解炭的红外光谱图。由此可见，如同布织物与其余单组分两两混合热解炭一样，各单组分热解炭官能团在组合组分热解炭中均有所反映，官能团种类与热解原料密切相关。

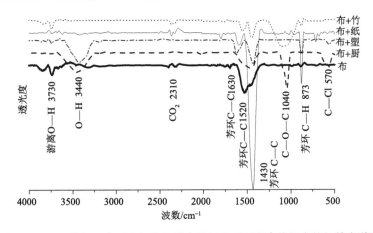

图 4-8　800℃热解温度下布织物与其余单组分两两混合热解炭的红外光谱图

图 4-9 表明，单组分厨余进行热解制取的热解炭，其芳香性最强，并在红外光谱 1460 cm^{-1} 处芳环 C—C 表现出最强的振动吸收峰。厨余加竹木混合制取热解炭，芳香性次强，相同情况也发生在厨余加纸屑混合制取的热解炭中。厨余加纸屑混合制取热解炭，其醚键（C—O—C）表现出非常明显的振动吸收峰。在红外光谱 570 cm^{-1} 附近，厨余加塑料混合制取热解炭，吸收峰表现为双峰，为 P—O 键和 C—Cl 键的吸收峰。已有研究表明，厨余热解中间产物对塑料具有催化作用，能够促进 HCl 逸出，进而减少热解炭中 Cl 的含量，因此可以推测 570 cm^{-1} 处为 P—O 键的振动吸收峰。

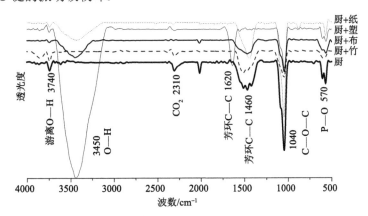

图 4-9　800℃热解温度下厨余与其余单组分两两混合热解炭的红外光谱图

图 4-10 表明，竹木单组分热解炭的芳环 C—C 振动吸收峰相对较弱，与其余组分混合热解后，热解炭的芳香性增强，其中竹木加纸屑组合的芳香性最强。竹木加厨余组合的热解炭中出现明显的 C—O—C 吸收峰（1040 cm^{-1} 处）

和 P—O 振动吸收峰（580 cm^{-1} 处），这些官能团在厨余单组分热解炭中均有体现。

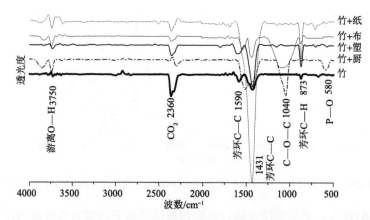

图 4-10　800℃热解温度下竹木与其余单组分两两混合热解炭的红外光谱图

图 4-11 表明，除竹木外，其余组分与纸屑混合热解炭的芳环 C—C 吸收峰强度均比纸屑单组分小。纸屑加厨余组合热解形成的热解炭的芳环 C—C 振动峰减弱，而 C—O—C 振动峰增强。

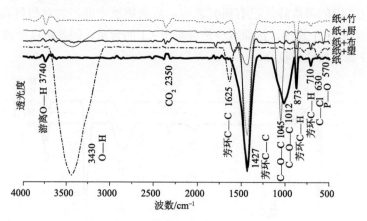

图 4-11　800℃热解温度下纸屑与其余单组分两两混合热解炭的红外光谱图

图 4-12 表明，塑料与其他组分共热解时，热解炭的 C—Cl 振动吸收峰均减弱，这可能是由于其他组分的热解中间产物催化 PVC 脱氯，促进了 HCl 的析出，从而减少热解炭中的氯含量。邓娜等（2007）的研究表明，纤维素中的羟基在低温状态下对 PVC 中 HCl 的析出有催化作用。五种热解炭中，塑料单组分热解炭的芳环 C—C 特征峰（1625 cm^{-1}、1420 cm^{-1} 处）及＝C—H（873 cm^{-1}、710 cm^{-1} 处）面外弯曲振动吸收峰最强，表明其芳香化程度最高。

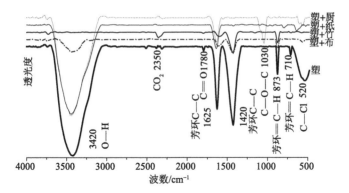

图 4-12　800℃热解温度下塑料与其余单组分两两混合热解炭的红外光谱图

2）三组分

图 4-13 为 800℃热解温度下三组分组合（10 种组合）热解炭的红外光谱图。可以看出，三组分混合制取热解炭的芳香性表现为布织物加竹木加纸屑大于厨余加布织物加纸屑。有厨余混合的三组分制取的热解炭均含有 P—O 振动吸收峰，表明厨余是形成 P—O 官能团的主要来源。有塑料参与组合的热解炭均含有较强的 O—H 吸收峰。三组分组合热解炭的红外光谱结果进一步说明，各单组分热解炭官能团在组合组分热解炭中均有所反映，官能团种类与热解原料密切相关。

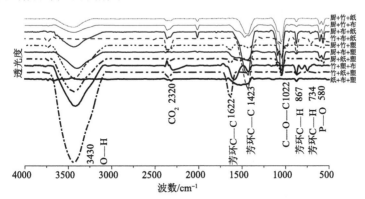

图 4-13　800℃热解温度下三组分组合热解炭的红外光谱图

3）四组分

图 4-14 为 800℃热解温度下四组分组合（5 种组合）热解炭的红外光谱图。可以看出，厨余与竹木、纸屑、塑料一起混合进行热解制取的热解炭，其芳环 C—C 在红外光谱图中表现出最强的特征峰。除了竹木与纸屑、布织物、塑料混在一起进行热解制取的热解炭，其他组合的热解炭都有较为明显的芳香醚吸

收峰，其原因可能是竹木与纸屑、布织物、塑料组合原料中，塑料质量在四组分中占比较大，可以为化学反应提供额外的氢元素，在高温下可以促使 C—O 键断裂而与氢离子结合，从而减少热解炭中 C—O—C 官能团数量。

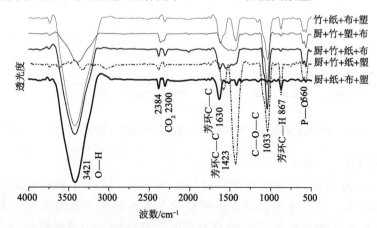

图 4-14　800℃热解温度下四组分组合热解炭的红外光谱图

4）表面酸、碱官能团含量

图 4-15 为五组分混合垃圾在不同终温条件下，制取的热解炭表面酸、碱官能团含量与热解终温的相互关系。由图 4-15 可见，热解温度为 500~800℃时，热解炭酸性官能团含量随热解温度的升高先增加后减少，600℃时最大，为0.68mmol/L。高温和低温均不利于酸性官能团的形成，这与郝蓉等（2010）的研究结果一致。热解炭碱性官能团含量随热解温度升高而增加，800℃时最大，为

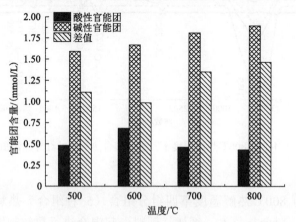

图 4-15　混合垃圾热解炭酸、碱官能团含量

1.86mmol/L。从碱性官能团与酸性官能团的含量差值可以看出，热解温度为500～800℃时，酸性官能团的含量均小于碱性官能团，从而热解炭呈现碱性，并且酸、碱官能团的含量差值整体上随着热解温度的升高而增大，与 4.3.1 节 pH 的变化趋势是一致的。

4.3.3　有机垃圾热解炭表面元素组成

图 4-16 为不同热解温度下五组分混合垃圾热解炭的 XPS 全扫描谱图。由图 4-16 可以看出，热解炭表面元素主要含有 C、O、Ca、N、Cl、K、Na、Si 八种，它们的相对含量列于表 4-1。

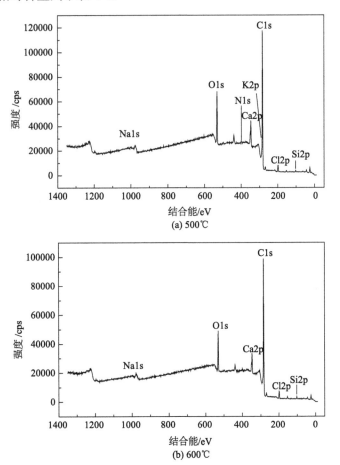

(a) 500℃

(b) 600℃

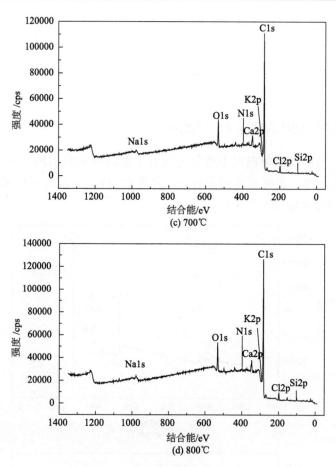

图 4-16 热解炭的 XPS 全扫描谱图

表 4-1 热解炭表面元素的相对含量 （单位：%）

元素	相对含量			
	500℃	600℃	700℃	800℃
C	75.47	79.74	80.74	80.10
O	13.87	11.11	9.24	9.14
Ca	4.42	3.72	3.24	2.28
N	1.64	—	2.13	1.79
Cl	2.13	2.64	2.34	2.45
K	0.15	—	0.43	0.40
Na	0.54	0.47	0.80	0.71
Si	1.79	2.32	1.09	3.11

— 未检测到。

从表 4-1 可以看出，C 的相对含量最大，并且随着温度的升高总体呈上升趋势；

O 的相对含量次之，并且随热解温度的升高逐渐减小，该结果与 6.3.1 节的元素分析结果是一致的。混合垃圾热解炭表面还含有 Ca、Si、Na、K 等元素，其中 Ca、Si 含量相对较高。各元素的化学形态可通过窄谱扫描进行分析，窄扫描谱图见图 4-17。

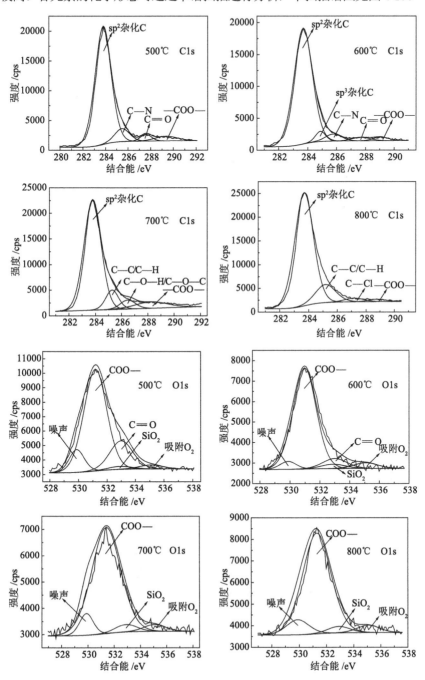

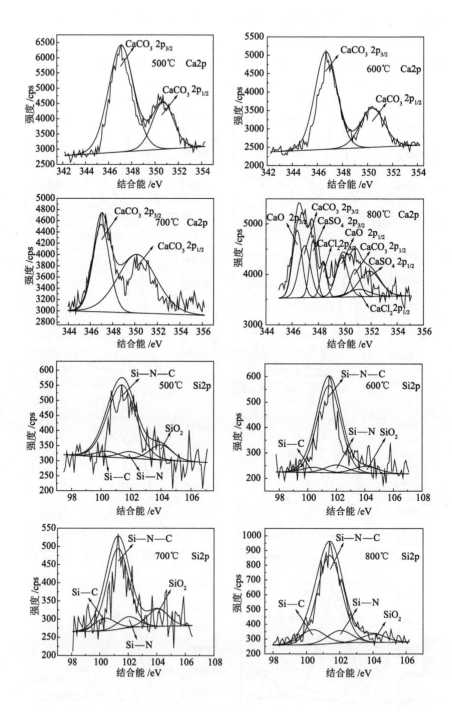

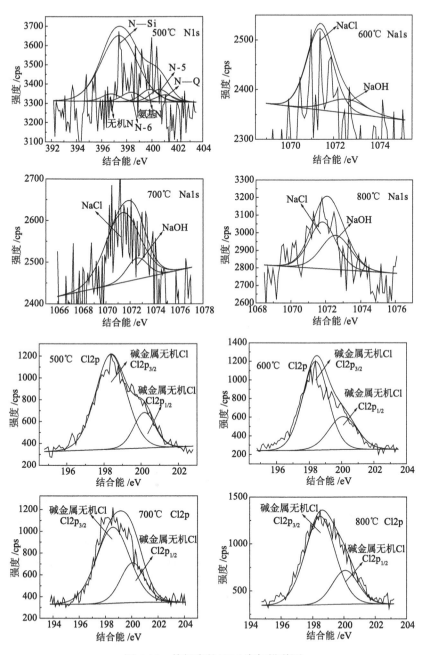

图 4-17　热解炭的 XPS 窄扫描谱图

由 C 1s 谱图可知，在不同温度下制取的热解炭中的 C 主要是苯环上的 C，其主要是结合能为 283.78eV 的 sp^2 杂化 C（陈萃，2010）。对此，周建斌（2005）进行了相关研究，结果表明，C—H 主要与此相关。在 600℃热解炭的 C1s 谱图中，结合能为 284.88eV 的是 sp^3 杂化 C，可能为苯环上的支链 C，这在红外光谱图中也有体现。除此之外，500℃、600℃热解炭中出现 C═O、—COO—（酯）键和 C—N（对应酰胺带），其中，C—N 在温度升至 700℃以上时消失，而出现 C—C/C—H，可能是高温条件下含 N 物质被分解，随气体析出。700℃、800℃热解炭中 C═O 基本消失，C—O 和 C═O 较弱（胡强等，2013），其含量与温度呈现出负相关。在终温为 700℃的热解炭中，出现 C—O—H/C—O—C，这可以归因于 C═O 发生加氢反应，C—O—H 生成后再脱水缩合成 C—O—C，而 C—O—H/C—O—C 在温度达到 800℃时消失。同时，当温度达到 800℃时热解炭中可以发现存有少量的 C—Cl，这可以归因于热解炭表面的活性基团与 HCl 发生反应，进而促使有机氯化合物的生成（Tsubouchi et al.，2013a）。

热解炭表面 C 的存在形式随温度的变化，可以进一步解释热解炭的酸性官能团含量随热解温度的变化规律。酸性基团主要包括羧基、酚羟基、醌型羰基、正内酯基及环式过氧基等。从热解炭表面 C 的存在形式可以看出，热解温度为 500℃、600℃时，表面含有较多的酸性基团，而 700℃、800℃时酸性明显减小，这与热解炭表面酸性官能团的含量变化一致。

热解炭 O1s 谱图表明，热解炭中的 O 主要以—COO—键的形式存在；热解温度为 500℃和 600℃时，热解炭出现 C═O，700℃和 800℃时，C═O 消失，这与 C1s 的分析结果一致。此外，热解炭中的氧还有小部分以 SiO_2 的形式存在。

图 4-16 表明，热解炭表面 N 含量较小。从 N1s 谱图能够发现，在终温 500℃条件下制取的热解炭，N 主要以无机 N、氨基 N、N-5（吡咯氮）、N-6（吡啶氮）、N-Q（质子化吡啶氮）和 N—Si 等形式存在。其中，在芳香结构的边缘可以检测到 N-5、N-6，在多重芳香结构内部可以检测到 N-Q。蛋白质是热解炭中 N 的主要来源，在热解过程中，其中的 N 会逐渐转化为结构更为稳定的芳香性 N。

Si 具有高熔点、高沸点的特性，易于留存在热解炭中。同时，Si 在热解过程中可能起催化作用，进而影响热解产物的性质和产量分布（Wang et al.，2015）。Si2p 谱图显示，Si 主要以 Si—N—C、SiO_2、Si—C 和 Si—N 形式存在于热解炭中。

与 Si 一样，Ca 的熔沸点也很高，容易残留在热解炭中。在 500℃、600℃和700℃热解炭的表面，$CaCO_3$ 是主要的含 Ca 化合物，为 Ca2p 的唯一存在形式。Ca2p 的两个组成部分为 $Ca2p_{3/2}$ 和 $Ca2p_{1/2}$，其结合能分别为 346.68eV 和350.18eV。800℃热解炭表面 Ca 的形式变得多样，包括 $CaCO_3$、CaO、$CaSO_4$ 及

$CaCl_2$。Tsubouchi 等（2013b）的研究表明，$CaCO_3$ 可以直接与 HCl 发生反应，也可以在较高温度下分解为 CaO，再与 HCl 发生反应，这两种反应均可生成 $CaCl_2$。同时，在水分存在的条件下，$CaCl_2$ 还可以与 H_2O 反应生成 CaO，而 CaO 与含硫气体反应可以生成 $CaSO_4$。

从 Cl 2p 谱图可以看出，热解炭表面的 Cl 主要是无机 Cl。无机 Cl 的两个组成部分为 Cl $2p_{3/2}$ 和 Cl $2p_{1/2}$，其结合能分别为（198.48 ± 0.1）eV 和 200.08eV。此外，热解炭中还具有 Na、K 等元素，可以推测出 NaCl、KCl 是无机氯主要存在形式。

K 很少存在于热解炭表面，虽然 K 2p 的 X 射线光电子能谱无法对其进行分峰拟合，但可在之前分析的基础上，推测出 KCl 为 K 的主要存在形式。

热解温度为 500℃时，热解炭表面的 Na 含量较少，无法通过 XPS 分析其存在形态。从 600℃、700℃和 800℃热解温度下的热解炭 Na 1s 谱图可以看出，热解炭中 Na 1s 的主要存在形式为 NaCl 和 NaOH。厨余中含有 NaCl，是热解炭表面 NaCl 的主要来源。因此，可以推测 NaOH 直接归因于原料带入，但也可以推测为 NaCl 与 H_2O 反应生成（Tsubouchi et al.，2013a）。

4.4 小 结

在 500~800℃热解温度下，厨余、竹木、纸屑、布织物、塑料以及混合垃圾热解炭的 pH 均大于 7.0，呈现碱性，碳酸盐是热解炭中碱性物质的主要存在形态。单组分和混合垃圾热解炭的 pH 随热解温度的升高而增大，pH 从大到小的排序为厨余>竹木>纸屑>混合垃圾>布织物>塑料，最高的厨余热解炭的 pH 为 10.43~10.69，最低的塑料热解炭的 pH 为 7.16~7.41。生物质类原料热解炭的 pH 总体高于非生物质原料热解炭的 pH，原料的灰分含量较高，相应的热解炭 pH 越大。纸屑、竹木、布织物、厨余和塑料热解炭中含有芳环、羟基、羧基、醚键等官能团；由 PVC 和 PE 组成的塑料热解炭中存在 C—Cl 基团，厨余热解炭中含有 P—O 基团。纸屑、布织物、厨余单组分热解炭的芳香性随热解温度的升高而逐渐增强，竹木热解炭芳环官能团数量随温度的升高而逐渐减少，塑料热解炭的芳香性随热解温度的升高先增强后减弱，700℃时达到最大。混合垃圾热解炭的芳香性随热解温度的升高总体呈现增强趋势，各单组分热解炭官能团在组合组分热解炭中均有所反映，官能团种类与热解原料密切相关。

热解温度为 500~800℃时，混合垃圾热解炭碱性官能团含量大于酸性官能团含量，使热解炭呈现碱性。其中，碱性官能团含量与温度正相关，在终温为

800℃时达到最大值；酸性官能团的含量与温度负相关，在终温为 600℃时达到最大值。热解炭表面元素主要有 C、O、N、Cl、Ca、Si、Na、K；C 的相对含量最大，并且随着温度的升高总体呈上升趋势；O 的相对含量次之，并且随热解温度的升高逐渐减小。热解温度为 500～800℃时，sp^2 杂化 C（芳环 C—H）为热解炭表面的 C 的主要存在形式；—COO—为 O 的主要存在形式。500℃终温热解的热解炭表面的 N 以无机 N、N-5、N-6、N—Si、N-Q 等形式存在；Si 主要以 SiO_2、Si—C、Si—N、Si—N—C 等形式存在；Ca 元素主要以 $CaCO_3$ 形式存在，800℃还出现 CaO、$CaSO_4$ 和 $CaCl_2$ 等形式；Cl 主要以 NaCl 和 KCl 等无机氯形式存在；Na 主要以 NaCl 和 NaOH 形式存在。

第5章　有机垃圾热解三相产物分布及其化学组成

5.1　引　言

有机垃圾热解产物有固相的热解炭、液相的焦油以及气相的热解气三部分。各相产物的产量及其化学组成主要受到两方面的影响：一方面是热解原料，包括垃圾样品特性，如粒径、种类、装填密度等；另一方面是热解条件，包括反应器结构、载气流量、热解温度、终温停留时间等（Bridgwater，1994；Demirbas and Arin，2002）。

热解炭是有机垃圾热解的固态产物，可用于改良土壤、缓解气候变化、吸附污染物等。在热解过程中产生的气相产物为热解气，可用作费-托合成的燃料（Sun et al.，2010），它的组成部分相对比较复杂。在热解过程中产生的液相产物为焦油，是通过分解、氧化、解聚、聚合和环化等一系列物理与化学过程形成的（Yu，2014），它包含上百种化合物，具有十分复杂的成分。Ates 等（2013）就城镇生活垃圾在 500～600℃条件下热解产生的焦油的成分进行了一系列分析，研究结果表明，焦油的主要成分为脂肪族碳氢化合物，也含有少量的醇、酮、酸或酯等。Liu 等（2010）还对焦油的作用做了进一步探索，研究结果表明，从焦油中可以分离出不少化工原料。从主要成分来看，焦油也可以作为代用燃料，用于涡轮机发电等。此外，由于 C 含量很高，焦油还可用于制作碳基复合材料。Song 等（2015）对此进行了成功的探索，进一步拓宽了焦油的利用领域。Song 等（2015）的研究结果表明，将焦油和聚丙烯腈（PAN）混合可以制造出纳米纤维材料。

有机垃圾热解炭、焦油和热解气的作用主要归因于热解产物的特性，进一步分析可以知道，热解产物的特性主要受到两方面的影响：一是热解原料的结构；二是热解条件。热解原料和热解条件不同，热解产物的分布及其化学组成可能存在较大差异。在实际工程中，垃圾原料控制不易，可以通过分选进行有限的控制，因此热解条件的控制显得更具有实践意义和操作性。在工程应用中，热解温度和终温停留时间为热解条件控制的两个主要参数（Chen et al.，2004；Dai et al.，2000；Li et al.，2004）。本章研究的目的是处理有机垃圾，同时回收热解炭、焦油和热解气作为副产物加以利用，工艺的重点是实现垃圾的充分热解。前期研究表明，有机垃圾在反应器中达到热解终温停留时间 1h，可以充分热解。因此，本章重点研究在不同终温条件下，城镇有机垃圾热解产生的三相产物。具体来说，研究范围主要包括三相产物的产量分布状况，以及三相产物的化学组成结构。在化学组成结构中主要分析其化学组成和元素组成成分。这样研究的目的在于，探究热解三相产物的性质，以及三相产物随温度的内在变化规律。在此基础上，可以为资源化利用热解产物打下坚实的基础和提供良好的技术支撑。

5.2　有机垃圾热解炭形成途径

5.2.1　试验材料的工业分析

试验原料、试验热解炉及热解条件控制均同前面章节。试验原料为五组分混合垃圾，其元素分析和工业分析结果见表 5-1。试验装置见图 5-1。

表 5-1　试验原料的元素分析和工业分析　　　　（单位：%）

元素分析（干无灰基）						工业分析干基		
C	H	O	N	S	Cl	固定碳（FC_{daf}）	挥发分（V_{daf}）	灰分（A_d）
48.84	8.25	31.82	1.31	1.55	0.76	5.73	94.27	9.12

注：各百分比为质量占比。

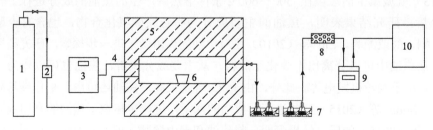

图 5-1　OFMSW 热解试验装置

1-氩气瓶；2-流量计；3-温控仪；4-热电偶；5-热解炉；6-坩埚；7-焦油冷凝装置；8-干燥剂；9-流量计；10-气袋

热解系统包括 7 个主要部分：温控系统、热解炉、惰性气氛系统、焦油冷凝系统、气体干燥系统、计量系统和气体收集系统。

试验中通过流量计量，将纯度为 99.99%的氩气以确定的流速输入热解炉以形成惰性气氛。由 4 个 250mL 广口收集瓶串联组成焦油冷凝系统，其中每个广口瓶装有少量玻璃珠和一定量的丙酮，并且将 4 个收集瓶放在–20℃的冰盐浴中，以便使进入收集瓶中的焦油快速冷凝。采用不吸附热解气的无水硫酸钠干燥剂对热解气进行干燥，具体做法是在热解气进入流量计之前先通过无水硫酸钠干燥剂，以吸收气体中挟带的水分，防止水分对流量造成影响。热解气的计量采用 G1.6 膜式燃气表（重庆前卫克罗姆表业有限责任公司），其量程为 0.016～2.5m³/h。热解气采用 Teflon 气袋收集，热解气收集后尽快进行分析。

5.2.2　试验材料的元素分析

试验设置热解温度为 500℃、600℃、700℃和 800℃。为避免载气流量过大而稀释热解气中的某些成分含量至检出限以下，试验把 150 mL/min 作为控制的载气流量。

试验时，称取 100 g（±0.01 g）混合垃圾，放入预先准备好的 500 mL 坩埚中，将坩埚放入炉膛并关闭炉门后，再排空炉内空气（按 300 mL/min 的流速通入氩气 30 min），同时检查装置的气密闭状况，之后按设计的条件开始热解。在温度 150℃条件下，记录气体流量，并开始收集气体。在热解完成后，再次记录流量数据，收集气体待分析。在热解前后称量焦油收集瓶的质量，将焦油收集起来，以备分析处理。开炉取出坩埚时炉膛内温度必须下降到 100℃以下。此时，取出坩埚并放入干燥器，等坩埚内的热解炭冷却到室温时，再称量制取的热解炭。然后，将热解炭装入塑封袋密封起来以保存备用。每个热解温度设置 3 个重复。

5.2.3　有机垃圾热解炭分析测试

1. 热解产物产率分析

测定热解炭的质量，直接进行称重即可。测定焦油的产量，可在热解前称取收集瓶的质量，然后在热解结束后再次称取收集瓶的质量，两次称量的差值即焦油的产量。热解气的体积可以利用热解前后流量计（累计流量计）的数值差进行测取；热解气的质量通过差减法进行测取；各相热解产物的产率为其质量占原料质量的百分数。

2. 对焦油进行预处理

焦油中含有少量热解炭和水分，可以先行除去水和渣，然后再对焦油进行后续检测。对焦油进行预处理的方法如下。

（1）把称重后的收集瓶、玻璃珠和管路用丙酮清洗，以便将附着在收集瓶壁、玻璃珠和管路壁上的焦油收集起来。

（2）计算残渣质量时，用有机微孔滤膜（0.45 μm）过滤焦油，然后把滤出的残渣放入恒重的称量瓶中，再在 105℃温度下烘干至质量不再变化，分别称量残渣放入前后称量瓶的质量，其差值即残渣质量。

（3）取出一部分过滤后的焦油，放入旋转蒸发仪以去除丙酮，再用润滑油水含量测定法（ASTM D 95-99）测定焦油水分含量。

（4）把一部分过滤后的焦油加入分子筛（7g，5Å）后，用水平振荡摇床振荡 1 h，再通过干燥的硫酸钠过滤，然后用旋转蒸发仪除去干燥后的焦油中的丙酮，这样得到的焦油可用于 GC-MS 分析和元素分析。进行 GC-MS 分析，须先将焦油与正己烷（色谱纯）和丙酮（色谱纯）（1∶1，体积比）的混合有机溶剂以 1g∶10 mL 的比例进行混合。

3. 元素分析

原料、热解炭和焦油中的元素含量采用 vario EL cube 型元素分析仪（德国元素分析系统公司）测定；原料和热解炭中的 Cl 含量用硫氰酸钾滴定法测定，主要参照《煤中氯的测定方法》（GB/T 3558−1996）。测定焦油中的 Cl 含量，必须预先进行处理，以去除水分。

焦油和热解炭中的 H、O、N、C、S、Cl 的三相分布比例 Y_x 采用式（5-1）（张军，2013）进行计算，气态产物中的元素比例采用差减法获得式（5-2）。

$$Y_x = \frac{m_x}{m} \times 100\% = \frac{M_x \times y_x}{M \times \left(1 - \frac{\omega}{100}\right) \times y} \times 100\% \qquad (5\text{-}1)$$

式中，m 为原料中某元素的含量，g；m_x 为炭或焦油中某元素的含量，g；y_x 为炭或焦油中某元素的百分含量，%；M_x 为炭或焦油的质量，g；y 为原料中某元素的百分含量，%；ω 为原料含水率，%；M 为原料的质量，g。

$$Y_{gas} = \left(1 - \frac{Y_{char} + Y_{tar}}{100}\right) \times 100\% \qquad (5\text{-}2)$$

式中，Y_{gas} 为某元素在热解气中的百分含量，%；Y_{char} 为某元素在热解油中的百分含量，%；Y_{tar} 为某元素在热解炭中的百分含量，%。

4. GC-MS 分析

采用 GC-MS（美国 Angilent 公司）（GC：6890N，MS：5973）对焦油化学成分进行分析。设置条件：载气为 He，其流速保持在 0.5 mL/min。不分流进样，进样量控制在 1 µL，进样口温度保持在 290℃。GC 条件：HP-5ms 二甲基聚硅氧烷色谱柱（30 m×0.32 mm×0.5 µm）。起始温度为 50℃，持续 2 min；50℃升至 110℃，升温速率为 3℃/min，持续 3 min；再以 3℃/min 升至 290℃，持续 5 min。MS 条件：EI 源，离子源温度为 230℃，轰击能量为 70 eV，接口温度为

280℃，传输线温度为 325℃，四极杆温度为 200℃，采用全扫描模式定性分析。

采用 GC-MS（美国 Angilent 公司）（7890A-5975C）对热解气化学成分进行分析。设置条件：GC 条件：Gaspro 毛细管柱，60 m×0.32 mm（i.d.）。载气为 He，其流速保持在 1.5 mL/min。进样口温度保持在 250℃，分流比达 30∶1，进样量控制在 0.2 mL。起始温度设定为 70℃，并将此温度持续 2 min，升温速率按照 20℃/min 控制，直至升温到 230℃，并将此温度保持 18 min。MS 条件：EI 源，离子源温度保持在 230℃，四极杆温度保持在 150℃，扫描范围控制在 20～300 amu。对各组分定量分析，采用标准气体进行。

5.3　有机垃圾热解炭分析

5.3.1　热解产物的产率分布

图 5-2 为混合垃圾在 500～800℃条件下进行热解后，检测出来的热解气的体积产率和质量产率。热解气体积与原料的质量之比为热解气的体积产率。从图 5-2 可以看出，热解炭产率随热解温度的升高而降低，从 500℃的 31.38%降至 800℃的 25.58%。焦油产率随热解温度的升高先增加后降低，600℃时达到最大，为 28.02%；800℃时最小，为 21.26%。热解气产率随热解温度的升高而提高，其中质量产率从 500℃的 41.7%升至 800℃的 52.66%，体积产率从 500℃的 143.5 L/kg 升至 800℃的 438 L/kg，质量产率与体积产率随温度的变化趋势基本一致。

热解过程是一个吸热过程，从前述的研究结果和已有的研究报道可知，有机物受热时先脱除水分，然后脱甲基。在高温下生成的化合物会继续发生反应，其基本方式为脱氢、氢化、裂解与缩合，并且所有的反应交叉进行，各反应的界限并不明显（易仁金，2007）。本研究结果显示，热解炭、焦油和热解气分别在 500℃、600℃和 800℃温度条件下拥有最大产率。这与 Phan 等（2008）研究得出的结果是一致的。Phan 等（2008）在研究中发现，热解炭产率与热解温度呈现出负相关，气体产率与热解温度呈现出正相关，当热解温度达到 600℃时焦油达到最大产率。当热解温度达到 600℃继续升高时，焦油中的大分子物质将出现裂解现象，并从中逸出气体，导致焦油产率降低。在低温条件下物料在脱除水分的同时，可以检测到有少量挥发分逸出，也会有三相产物生成，但在低温条件下热解反应并不完全。在低温条件下，对垃圾进行热解会有大量炭黑生成，这些炭黑会吸收一些焦油于其表面。因此，当热解在 500℃下进行时，热解炭达到最大产率。与此相反，在小于这个温度下进行热解，不论是焦油产率还是热解气产率都比较小。然而，当热解温度继续升高到达 600℃时，原料中的挥发性物质会进行分解，分解主要产生气体和低分子有机物（Kim et al.，2012），主要生成焦油和气体。同时，在这个热解温度下吸附在炭黑表面的焦油进行裂解，所以可以检测的情况是气体和焦油产率增加，相反热解炭产率降低。当热解温度继续升高超过 600℃时，原料中的大分子进一步裂解，不少中间产物也出现裂解，产生气相热解气，提高热解气产量，同时焦油产率下降。

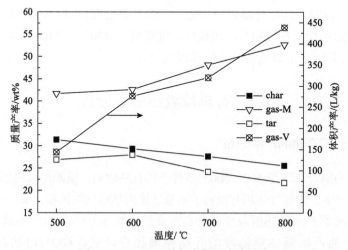

图 5-2   OFMSW 热解产物的产率分布

char 表示热解炭产率；gas-M 表示热解气的质量产率；tar 表示焦油产率；gas-V 表示热解气的体积产率

5.3.2   三相产物的元素分布

1. 热解炭的元素分布

XPS 分析可以了解除 H 和 He 外的固体表面 3～5 nm 厚度的元素及其化学状态，元素分析则可以了解试样的整体元素组成，两者分析的侧重点不同。表 5-2 为原料和热解炭的元素分析结果。

表 5-2   原料和热解炭的元素分析   （单位：%）

样品	元素分析						H/C	O/C
	C	H	N	S	O	Cl		
MSW	48.84	8.25	1.31	1.55	31.82	0.76	0.17	0.65
C500℃	56.63	2.98	2.41	0.33	15.60	0.93	0.05	0.28
C600℃	56.24	2.27	2.30	0.33	13.52	0.91	0.04	0.24
C700℃	57.76	1.46	2.02	0.28	12.38	0.96	0.03	0.21
C800℃	56.13	0.96	1.56	0.30	12.32	0.89	0.02	0.22

注：样品"MSW"表示原料；"C500℃"表示热解温度为500℃条件下的热解炭产物，其他以此类推。

从表 5-2 可以看出，与原料相比，热解炭中 C 比例明显偏高，这可以归因于原料中的挥发分逸出，因而表现出 C 比例相对较高，使热解炭的炭化度提高。赵颖等（2008）的相关研究表明，热解炭中 H 含量与热解温度呈现负相关，这可以归因于脱氢反应程度逐渐加剧。而热解炭中 N 的比例随热解温度的升高逐渐减少，这与 Anderson 等（2014）的研究结果一致。在 500～800℃热解条件下，热解炭中的 S、Cl 比例相对稳定，热解温度对热解炭中的 S 和 Cl 的影响较小。热解炭中 O 比例随热解温度的升高而逐渐减少，这与 XPS 分析的结果一致。

表 5-2 还显示，与原料相比，热解炭的 O/C 和 H/C 均明显降低。O/C 是衡量物质极性的一个指标，O/C 变小，极性减弱。H/C 是衡量物质芳香性的一个指标，H/C 变小，芳香性增强。因此，经过热解后，热解炭的芳香性增强，极性减弱，C800℃的芳香性最强而极性相对较弱。这说明热解温度的升高有利于增强热解炭芳香性，但同时减弱其极性，使其结构更加稳定，这与 Sun 等（2012）和 Kim 等（2012）的研究结果是一致的。

2. 热解焦油的元素分布

表 5-3 为焦油的元素分析结果。从表 5-3 可以看出，焦油中 C 的比例很高，高于在热解炭中的 C 比例，但比汽油、柴油中 C 的比例（83%～87%）稍低。焦油中 H 的比例为 7.32%～11.61%，高于热解炭中 H 的比例，低于汽油、柴油中 H 的比例（11%～14%）。焦油中 H 的比例与热解温度呈现出负相关，这可以归因于脱氢反应随温度上升而趋于缓慢（Zhang et al.，2012）。焦油中 N 的比例与热解温度呈现出正相关。在热解温度达到 600℃时，焦油中 S 的比例达到最大值。随着热解温度继续上升，S 的比例将趋于降低。焦油中 O 的比例相对较高，为 6.27%～10.85%，高于汽油、柴油中 O 的比例（0.5%～4%）。热解温度为500～700℃时，焦油中 O 的比例保持相对稳定，而当热解温度升高到 800℃时，O 的比例下降了 4 个百分点左右。焦油中 Cl 的比例小于 0.2%，较热解炭中的 Cl 的比例明显降低。

表 5-3　焦油的元素分析　　　　（单位：%）

样品	元素分析					
	C	H	N	S	O	Cl
T500℃	77.81	11.61	1.14	0.36	10.85	0.02
T600℃	74.49	7.75	2.40	0.75	10.52	<0.01
T700℃	76.69	7.32	2.26	0.59	10.79	0.09
T800℃	83.42	7.45	2.37	0.53	6.27	0.12

注：样品"T500℃"表示热解温度为 500℃条件下的焦油，其他以此类推。

综上，与汽油、柴油相比，焦油中的 C、H 比例偏低，而 O 的比例偏高，使得焦油的低位热值（表 5-4）较汽油、柴油的（42.6～46 MJ/kg）明显偏低。不仅如此，焦油中还含有水分以及少量的固体颗粒（表 5-4）。杨巧利（2007）对此进行了较为深入的研究，结果表明，热解产生的液相产物焦油必须在密封状态下进行保存，主要原因在于其化学性质不稳定，容易与空气中的成分发生反应。焦油的这些特性，使得其在替代汽油、柴油等作为燃料方面还存在一些问题，需进行催化裂解、乳化调和、加氢脱氧等性能改善，以提高其热值和燃烧的稳定性。

表 5-4 中焦油的低位热值采用门捷列夫公式[式（5-3）]（Yang and Sheng, 2003）计算而得。

$$Q_{低} = 339C + 1030H - 109(O-S) - 25W \qquad (5-3)$$

式中，$Q_{低}$ 为焦油的低位热值，kJ/kg；C、H、O、S、W 分别为焦油中的碳、氢、氧、硫、水分的百分含量。

表 5-4　焦油的热值

样品	含水率/wt%	含固率/wt%	低位热值/（MJ/kg）
T500℃	26.11	1.11	26.82
T600℃	23.23	0.75	24.12
T700℃	22.58	1.03	24.54
T800℃	18.43	1.29	28.36

从表 5-4 可以看出，在 500～800℃热解条件下，有机垃圾热解焦油的低位热值为 24.12～28.36 MJ/kg，含固率为 0.75%～1.29%，这与贾晋炜（2013）和 Buah 等（2007）的研究结果一致；焦油的含水率为 18.43%～26.11%。焦油的含水率影响焦油的黏度和热值，含水率高，黏度和热值降低，同时含水率过高还会发生相分离。通常，焦油的含水率为 15%～45%，当达到 35%～40%时就会发生相分离（罗凯，2007）。焦油中的水分主要来源于原料中的游离水和热解过程脱水反应产生的水分。当热解温度小于 500℃时，半纤维素和纤维素等物质会发生快速脱水反应，共价键的缓慢断裂开始产生低温热解水（贾晋炜，2013）。焦油在 500℃以上高温作用下，会进行又一次裂解，产生高温热解水。表 5-4 表明，焦油的含水率与热解温度负相关，即热解温度越高，含水率越小。这可以归因于当温度较高时，水分因参与热解反应而被消耗。

在分析热解产物时，van Krevelen 图经常被用于表示产物的芳香化程度以及极性的强弱。图 5-3 为原料、热解炭和焦油的 van Krevelen 图。

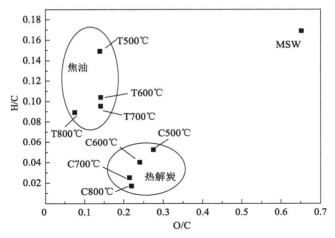

图 5-3　原料、热解炭和焦油的 van Krevelen 图

图 5-3 表明，焦油的 H/C、O/C 均比热解原料小，这说明原料的极性比焦油高，而芳香性比焦油低。相比于热解炭，焦油的 H/C 相对较大，而 O/C 相对较小，表明焦油的芳香化程度比热解炭低；极性和亲水性比热解炭弱。随着热解温度的升高，焦油的 H/C 和 O/C 逐渐降低，表现为 800℃热解焦油的芳香性最强、极性最弱。

3. C 在三相产物中的分布

C 是组成有机垃圾的主要元素（表 5-2），了解 C 在三相产物中的分配及热解过程的转化途径，对掌握有机垃圾热解机理具有十分重要的意义。图 5-4 为 500～800℃热解温度下 C 在三相产物中的分布图。

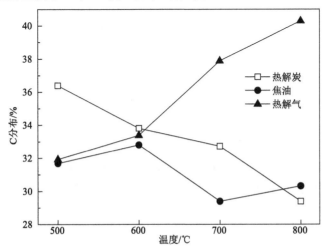

图 5-4　C 在热解三相产物中的分布

如图 5-4 所示，C 在热解炭、焦油和热解气中的分配比例，500℃热解温度下分别为 36.39%、31.69% 和 31.92%；600℃热解温度下分别为 33.81%、32.81%、33.38%；700℃热解温度下分别为 32.72%、29.39% 和 37.89%；800℃热解温度下分别为 29.40%、30.32%、40.28%。C 在热解炭中的分配比例（炭-C）随热解温度的升高逐渐降低，在热解气中的分配比例（气体-C）随热解温度的升高逐渐增加，在焦油中的分配比例（焦油-C）600℃时达到最大。热解温度为 500℃时，炭-C>焦油-C≈气体-C，升至 600℃时，C 在三相产物中的分配比例基本接近。表明 600℃热解温度下，焦油和热解气中增加的 C 来源于热解炭的分解。热解温度为 700℃时，气体-C 增加，而焦油-C 和炭-C 均减小。表明 700℃热解温度下，热解气中增加的 C 来源于热解炭的分解和焦油的二次分解。结合 C 在三相产物中的分布以及 FTIR 和 XPS 的试验结果，可以认为在不同热解温度下 C 按图 5-5 途径进行转化。

4. H、O、N、S、Cl 在三相产物中的分布

图 5-6 为 H、O、N、S、Cl 五种元素在三相产物中的分布。从图 5-6 可以看出，H 在热解炭中的分配比例（炭-H）和焦油中的分配比例（焦油-H）随热解温度的增加而降低，在热解气中的分配比例（气体-H）随热解温度的增加而增加；炭-H、焦油-H 分别从 500℃ 的 11.33%、37.46%降至 800℃ 的 2.98%、21.43%；而相同温度区间的情况下气体-H 从 51.21%升至 75.59%。检测中发现，与炭-H 相比焦油-H 的减少程度明显偏大，这可以认为热解气中增加的 H 主要来源于焦油脱氢。

在热解产物中 O 的分配比例及其随热解温度的变化趋势与 H 基本类似。随热解温度的增加，炭-O、焦油-O 分别从 500℃ 的 15.38%、26.42%降至 800℃ 的 9.90%、14.70%，而气体-O 从 500℃ 的 58.20%升至 800℃ 的 75.40%。热解温度大于 600℃时，热解气中增加的 O 主要来源于焦油中的醇、醛、酮等含氧化合物的分解。

随着热解温度的升高，N 在热解炭中的分配比例（炭-N）逐渐降低，从 500℃时的 57.73%降至 800℃的 30.46%。热解温度超过 600℃，N 在焦油中的分配比例（焦油-N）随着热解温度的升高而降低，在热解气中的分配比例（气体-N）随着热解温度的升高而增加。高温时，热解气中增加的 N 主要来源于热解炭的气化（Ren et al.，2010a），部分来源于焦油二次裂解。

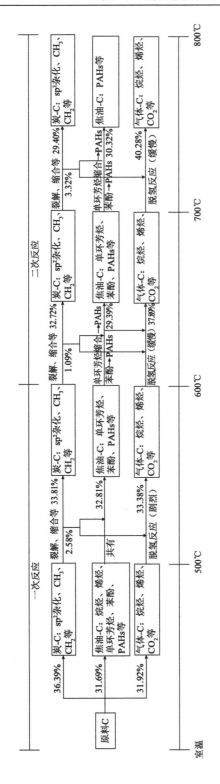

图 5-5 OFMSW 热解过程中 C 转化途径示意图

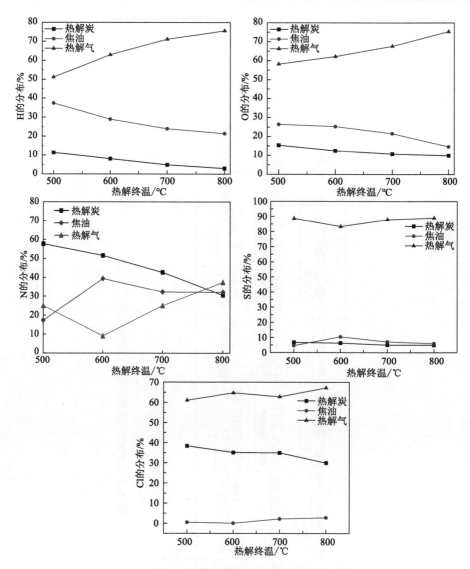

图 5-6 热解产物中元素的分布

在不同的热解温度下，S 在三相产物中的分配比例变化不大。同时，S 在热解气中的分配比例超过 80%，在热解炭和焦油中的分配比例相对较小。这表明，有机垃圾中的硫化物在低温下即大量分解，500℃时已基本分解完成。已有报道表明，有机硫化物的热稳定性差，二硫化物在 180～200℃即发生热分解，硫醇在400℃开始大量分解，而一些硫酸盐在 500℃也开始分解，这些与本研究的结果基本一致。XPS 分析显示，热解炭中的 S 主要以稳定的无机物硫酸盐形式存在。

Cl 与 S 一样，主要分布于热解气中。在热解气中两种元素分布比例均在

60%以上，且与热解温度正相关。在焦油中 Cl 占比很小，仅为 0.09%～2.80%。这可能是由于含氯气体与其他挥发分或热解炭发生反应生成含氯焦油（Hu et al.，2014）。有机垃圾中的 Cl 受热分解也很容易释放，大部分从热解气中排除，一部分固定于热解炭中。热解温度小于 700℃时，Cl 在热解炭中的分配比例随热解温度的增加而减小的幅度较小；当热解温度为 800℃时，Cl 在热解炭中的分配比例较 700℃下降得较多，这可能是高温热解条件下热解炭中的一些无机 Cl（如 KCl）的挥发导致的。

5.3.3　热解焦油的化学组成

热解温度为 500～800℃时，有机垃圾热解焦油的 GC-MS 总离子流色谱图见图 5-7。图 5-7 中 T500℃、T600℃、T700℃、T800℃分别表示 500℃、600℃、700℃、800℃的热解焦油。

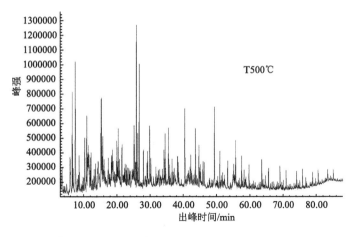

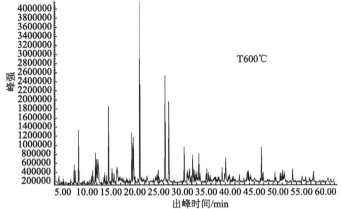

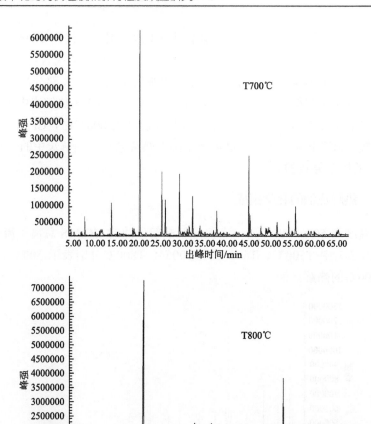

图 5-7　OFMSW 热解焦油的 GC-MS 分析

图 5-7 表明，在不同热解终温下产生的焦油，其 GC-MS 总离子流图在出峰时间和峰强上均存在明显的差异。500℃热解焦油在 26 min 左右有一个优势峰，并且峰数较多；而 600～800℃焦油，其优势峰出现在 20 min 左右，并且峰数较少，这可以归因于 20 min 处的优势峰比其他峰的强度较强，从而使它们在谱图中表现不明显。这充分说明，焦油中物质含量复杂，化学成分丰富。焦油中检测到的主要化学物质详见附表 A。

从附表 A 可见，从焦油中可以检测出 140 多种化学成分，主要包括酚类、醇类、醛类、酮类、酯类以及烷烃、烯烃、单环芳烃、PAHs 等。将附表 A 中的物质按几大类化合物进行统计，结果见表 5-5。

表 5-5　焦油中各类化合物的相对含量　　　　　（单位：%）

化合物种类	相对含量			
	T500℃	T600℃	T700℃	T800℃
烷烃	4.52	0.40	0.14	0.12
烯烃	6.22	1.42	—	—
苯酚及其衍生物	1.51	4.09	1.05	0.18
醇	0.64	—	—	—
酸	1.28	0.65	0.12	—
醛	1.27	0.37	—	—
酮	3.39	0.84	—	0.20
酯	0.63	0.16	—	0.07
单环芳烃	12.39	13.74	3.81	3.00
PAHs	8.59	54.06	76.16	83.45
杂环化合物	0.52	—	0.73	0.56

Li 等（2001）的相关研究表明，热解会使有机垃圾发生脱水、产生裂解等反应，生成醇类、酮类、醛类、苯类、烯烃等物质，这些是构成焦油的主要成分。由纤维素转化产生的 5-甲基糠醛，通过脱甲氧基反应生成糠醛。600℃热解温度下 5-甲基糠醛消失可以归因于 5-甲基糠醛经分解还可以生成酸类物质（Patwardhan et al.，2011）。苯酚类化合物可能来源于烃类（Chen et al.，2012）的热解或木质素（宋成芳，2013）的分解。呋喃可能来源于纤维素和半纤维素的分解（Yu et al.，2014）。小分子烷烃和烯烃在高温下可能聚合生成甲苯、乙苯等单环芳烃（武伟男，2007）。随热解温度的上升，醛类、醇类、酮类等进行再次分裂形成自由基，自由基可以通过重组反应生成其他物质。分解与重组等反应使这些物质的含量趋于减少，如在较高的温度下酸类物质可生成 CO_2，酮类化合物可生成酚类化合物。

从附表 A 和表 5-5 可见，焦油的主要成分为 PAHs（C_{10}～C_{24}），其含量与热解温度呈现出正相关，出现快速增加趋势，这与有关研究结果（Chen et al.，2012；陈汉平等，2012）一致。焦油的 H/C 也与热解温度呈现出正相关，随着温度升高而提高。焦油中 PAHs 含量高既可以归因于芳香族化合物需要较高的活化能才能实现分解（李帅丹等，2014），又可以归因于其在高温条件下进行热解，有大量的 PAHs 生成。Diels-Alder 反应理论为广泛接受的多环芳烃生成机理，其生成路径比较复杂，最后或通过加成反应使乙烯分子合成 PAHs；或通过缩聚反应使苯环缩聚成 PAHs（Egsgaard and Larsen，2009；武伟男，2007）。此外，多环芳烃的前驱物也可以是酚类物质。在酸性条件下，木质素的醚键断裂形成苯酚及其衍生物，苯酚及其衍生物失去 CO 自由基进一步形成环戊二烯，环戊二烯失去一个 H 原子，生成环戊二烯自由基，进一步结合生成萘。萘失去一个 H 原子，产生相应的自由基，可以与环戊二烯自由基结合生成具有两个以上苯环的芳香化合物（Egsgaard and Larsen，2009）。从表 5-5 可见，随着热解温度的升高，单环芳烃、烷烃、烯烃、苯酚及其衍生物物质的含量逐渐减少，据此可以推测 PAHs 主要通过 Diels-Alder 反应、苯酚及其衍生物的自由基反应生成。

2,2,6,6-四甲基-4-哌啶酮、2,5-二甲基吡啶等含氮杂环化合物成为焦油组成成分的一小部分。这些氮杂环化合物，主要通过蛋白质热裂解而最后生成。在高温热解条件下，铵态-N 裂解生成含氮杂环化合物（Ratcliff et al.，1974；张军，2013）。此外，在质谱图中还发现了一些离子碎片，如 CH_2S^+、$(CH_2)_4C=N$ 和一些含氯的结构等。

从表 5-5 中还可以发现，当热解温度为 500℃时，焦油的成分以单环芳烃和 PAHs 为主，焦油中烷烃和烯烃的含量与热解温度呈现出负相关，而 PAHs 的含量与热解温度呈现出正相关。在热解温度超过 600℃条件下，焦油的主要成分为 PAHs。附表 A 表明，PAHs 由萘、蒽、菲、芴、茚、苊、联苯及其相应的衍生物组成，还含有少量的葩、苊和芘等。从图 5-8 可以看到 PAHs 各组成成分的相对含量。

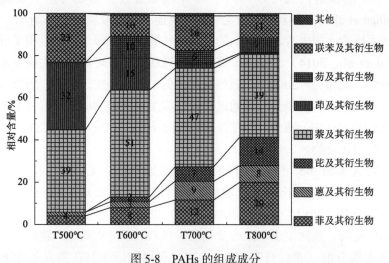

图 5-8　PAHs 的组成成分

由图 5-8 可见，焦油中不同化学成分与热解温度关系不同，茚、萘、芴及其相应的衍生物与热解温度负相关，其在焦油中的占比随热解温度上升而下降，菲、蒽、芘及其相应的衍生物则相反，其在焦油中的占比随热解温度的上升而增加，这可归因于 PAHs 各成分间实现相互转化，如萘经过一系列的自由基反应可以生成菲或蒽（Marinov et al.，1998），芴环通过扩环或者重排反应可形成菲环结构（林双政，2009）。PAHs 的主要成分为萘及其衍生物，萘及其衍生物在 PAHs 中的占比随热解温度的不同而不同，在 500℃时为 39%，在 600℃时为 51%，在 700℃时为 47%，在 800℃时为 39%，由此可以看出，当热解温度超过 600℃时，萘及其衍生物在 PAHs 中的占比与热解温度负相关，但在 800℃的条件下产生的焦油中萘及其衍生物在 PAHs 中的占比仍为最大。萘可以用来制备染料、树脂、溶剂、驱虫剂等，因此富含萘及其衍生物的焦油可以提取萘作为化工原料。

5.3.4　热解气的化学组成

当热解温度为 500~800℃时，有机垃圾热解气的 GC-MS 分析结果见图 5-9。图 5-9 中 G500℃、G600℃、G700℃、G800℃分别表示 500℃、600℃、700℃、800℃的热解气。

从图 5-9 可以看到，在热解温度为 500~800℃的条件下，热解气的 GC-MS 总离子流图拥有相近的出峰时间，但峰的强度存在差异。热解气中被检测出的成分约有 38 种（附表 B），可见热解气的种类也非常多。有机垃圾热解气主要包含烷烃、烯烃、炔烃、CO_2、含 Cl 或 S 的气体，以及醛、苯、呋喃等。热解气由两个过程产生：热解原料通过一次热解析出热解气，热解产物在高温下可以进行二次裂解逸出热解气。在 500~600℃的热解温度下，原料中碳氢化合物的裂解、脱氢等反应是热解气中脂肪烃类形成的主要原因。在热解温度继续升高的条件下，热解气和焦油均可以进行二次分解而生成热解气，从而使热解气体积增加，热解气中各成分的体积也发生变化。

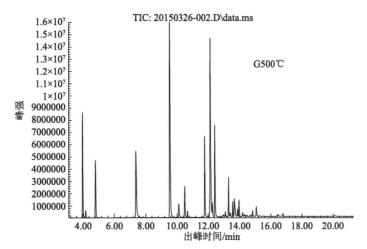

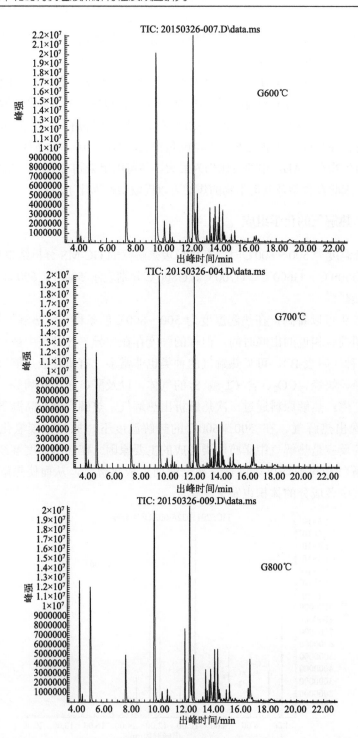

图 5-9　OFMSW 热解气体的 GC-MS 分析

图 5-10 为热解气中各主要成分的体积随热解温度的变化情况。可以看出，随着热解温度的增加，各主要气体产量增加。800℃时，烷烃、烯烃和炔烃的体积比 500℃时分别增加了 0.86 倍、2.64 倍和 18.23 倍。热解气中，烯烃体积产量最大，其次为烷烃，再次为 CO_2，炔烃最小。炔烃虽然体积产量小，但随热解温度增加的速度迅速，表明脱氢反应在高温时加剧进行。

热解气中含 S 气体的主要存在形式为 H_2S，同时还有少量的 COS 和 CH_3SH。Hu 等（2014）进行了相应的研究，结果表明，在热解过程中原料中不稳定的有机 S 被分解为·H、·SH 和·CH_3 等自由基，这些自由基可以通过化学反应，分别生成 COS、H_2S 和 CH_3SH 等。

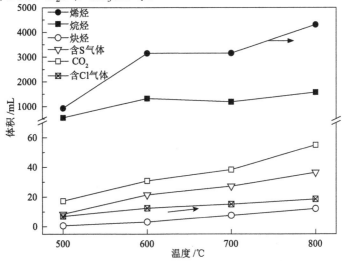

图 5-10　热解气各主要成分的体积随热解温度的变化

在低温热解阶段，热解气中的 CO_2 主要来源于含 C 基团的断裂和重整，CO_2 的体积与热解温度呈现出正相关。通过 XPS 分析，含 C 集团 C 中的 C=O 等含氧基团与热解温度呈现出负相关。在大于 600℃热解温度下，CO_2 体积仍然出现缓慢上升趋势，这可归因于含氧基团虽然分解完全，但是焦油中的羧基等的断裂和重整产生 CO_2（李帅丹等，2014）。800℃时，CO_2 的体积比 500℃时增加了 1.17 倍。

热解气中含 Cl 气体的主要成分为 CH_3Cl，它可能来源于 CH_4 与 HCl 的加成反应；此外含 Cl 气体还包括 C_2H_3Cl 和 C_2H_5Cl 等。含 Cl 气体的体积随热解温度的上升而逐渐增加，热解温度为 800℃时含 Cl 气体的体积比 500℃时高 0.65 倍。

苯、醛、呋喃等挥发性物质也可以在热解气中检测到，这是因为焦油中存有少量挥发性物质，这些物质通过挥发作用最终进入气相的热解气。

H_2、HCl、NH_3 等气体无法通过色谱柱进行检测。这些物质是否存在于热解气中难以判断。但本课题组之前的研究结果显示，城镇有机垃圾热解过程中有 NH_3 的产生，并且 NH_3 在 800℃时的析出量达到最大（金晓静，2014）。附表 A 显示，焦油成分相当复杂，存有氮的杂环化合物。在热解过程中，氮的杂环化合物与 H 自由基会相互作用，可以最终生成 NH_3、HCN 等气体，但在附表 B 中并没有发现。这可能是因为作为 NH_3 的前驱物（Ren et al.，2010a），大部分 HNCO 和 HCN 都已经转化成 NH_3，导致它们的浓度低于检出限而未能测出。同时，热解炭的 XPS 分析结果显示，热解炭表面存在 SiO_2，它能抑制 N 转化为 HCN、HCNO（Ren et al.，2010b），因此，推测热解气中可能含有 NH_3。不稳定的 C—Cl 在 310℃下会发生自由基链式分解反应，在热解过程中随着温度达到可能的条件，垃圾中的 PVC 含有 C—Cl 会分解进而生成 HCl（Yuan et al.，2014），这可以解释有机垃圾热解气 HCl 的存在。在热解温度上升到 800℃时，HCl 逸出量达到最大值（金晓静，2014）。对于 H_2，可归因于热解过程的脱氢反应，而且陈汉平等（2012）的研究也表明，热解气中 H_2 产量与热解温度呈现出正相关。由上述情况可以推测，气体 H_2、CO、CH_4 等应存在于热解气中，但在本研究中可能因浓度低于检出限而未能检测出。

图 5-11 为 500~800℃热解温度下热解气主要成分的相对比例。如图 5-11 所示，烯烃是热解气的主要组成成分，其含量为 61%~70%，其含量与热解温度呈现出正相关。在热解气中烷烃占比为其次，其含量为 25%~36%，且随着热解温度的升高而逐渐减小。

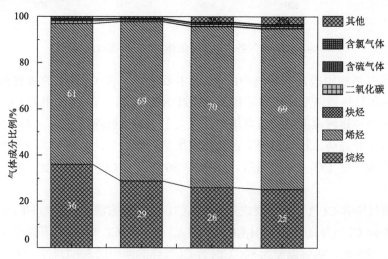

图 5-11 500~800℃热解温度下热解气主要成分的相对比例

5.4　小　结

热解温度从 500℃升至 800℃，热解炭的产率从 31.38%下降到 25.58%；焦油产率从最高时的 28.02%下降至 21.26%；热解气的质量产率和体积产率均会上升，分别从 41.7%、143.50L/kg 上升到 52.66%、438L/kg。热解炭产率与热解温度负相关，气体产率则相反，在 600℃时焦油产率达到最大。热解炭中，C 含量最大，O 次之；O、H、N 的含量随热解温度的升高而降低，S、Cl 的含量比较稳定。热解炭中的 C 比原料更为富集，炭化程度明显提高，芳香性增强，极性减弱。高温热解有利于增强热解炭芳香性，同时减弱其极性，使其结构更加稳定。

在 500～800℃的热解温度下，焦油的 C、H、O 含量分别为 74.49%～83.42%、7.32%～11.61%、6.27%～10.85%，N、S、Cl 含量相对较小，含固率为 0.75%～1.29%，含水率为 18.43%～26.11%，低位热值为 24.12～28.36MJ/kg，作为替代燃料，与汽油、柴油的热值还有一定差距。随热解温度的升高，焦油的 C 含量总体增加，H、O 含量总体降低，H/C 和 O/C 逐渐降低，芳香性增强，极性减弱。与原料相比，焦油的极性降低，而芳香性提高；与热解炭相比，焦油的极性减弱，芳香性降低。

C 在热解炭中的分配比例为 29.40%～36.39%，并随热解温度的升高逐渐降低；在热解气中的分配比例为 31.92%～40.28%，并随热解温度的升高逐渐增加；在焦油中的分配比例为 29.39%～32.81%，600℃时达到最大。热解气中的 C 在温度≤600℃时来源于原料的一次热解，当热解温度大于 600℃时来源于热解炭的分解和焦油的二次裂解，结合 FTIR 和 XPS 的试验结果，探讨了 C 在热解过程中的转化途径。H、O、N 在热解炭和焦油中的分配比例随热解温度的升高而降低，在热解气中的分配比例相反，其与热解温度正相关。当热解温度大于 600℃时，热解气中的 H 主要来源于焦油脱氢，O 主要来源于焦油中的醇、醛、酮等含氧化合物的分解，N 主要来源于热解炭的气化。有机垃圾中的 S、Cl 很容易分解，热解后主要存在于热解气中，在焦油中的含量较少。有机垃圾中的 Cl 有一部分（29.96%～38.40%）固定于热解炭中。

有机垃圾热解焦油大约包含 140 种物质，具有非常复杂的化学成分，这些化学成分包括醇类、醛类、烷烃、烯烃和单环芳烃、PAHs 等，还有少量杂环化合物。在热解温度为 500℃的条件下，单环芳烃和 PAHs 为焦油的主要成分。当继续升高热解温度时，焦油中的烷烃、烯烃的占比逐渐减少，PAHs 含量渐趋增加。在热解温度为 600℃以上条件下，焦油的主要成分为 PAHs，占比为 54.06%～83.45%。PAHs 主要通过 Diels-Alder 反应生成，也可以生成于苯酚与其衍生物的自由基反应。焦油中的 PAHs 的成分主要为萘及其衍生物，占比为 39%～51%。

有机垃圾热解气的主要组成成分为烯烃（含量为 61%～70%），还包括炔烃、烷烃、CO_2，还包括含 S（以 H_2S 为主）和含 Cl（以 CH_3Cl 为主）气体等。而且烯烃的含量与热解温度正相关。热解气中占比第二大的组成成分为烷烃（含量为 25%～36%），其在热解气中的占比与热解温度负相关。热解气体积与热解温度正相关，即随热解温度上升而增加。

第6章　有机垃圾热解炭对土壤理化性质的影响

6.1　引　　言

热解炭对土壤理化性质有着怎样的影响，近些年来有不少学者对此进行了研究。土壤物理指标、土壤化学指标和土壤生物学指标，是检测土壤质量主要评价指标体系。土壤的 pH 反映土壤的酸碱性，与土壤中有机物（有机质）的合成与分解、土壤中的微生物活动，以及土壤营养元素的转化与释放等，都存在十分密切的关系，成为土壤质量的重要指标之一。土壤阳离子交换量（cation exchange capacity，CEC）反映土壤胶体电荷状况。阳离子交换量对土壤起着积极作用，能够主导土壤的溶质运移、物质转化和生物特性，有利于土壤的保水、保肥及缓冲性能。因此，阳离子交换量成为表征土壤肥力的最重要指标。土壤有机质只占土壤总量的很小一部分，却是形成土壤结构的重要因素之一。土壤有机质主要来源于动植物和微生物的残体，还有动物的排泄物和分泌物等。在不同条件下这些物质会分解转化，进而演化为组成土壤固相部分的重要成分。土壤有机质是土壤性质的决定性因素，能够给植物提供矿质营养、有机营养，同时也能给异养型微生物提供能源，对土壤形成、环境保护及农林业可持续发展等方面都有着极其重要的作用和意义。因此，土壤有机质是评价土壤质量的重要指标之一。

通过向土壤添加不同热解条件的热解炭、设置不同的添加量，研究有机垃圾热解炭对土壤 pH、土壤 CEC 和有机质的影响，明晰热解炭对土壤理化性质的影响，为寻找有益热解炭及其相应的热解工艺提供基础。

6.2　原料来源与使用

6.2.1　试点原料的来源

1. 土壤

采集 106°45′E、29°53′N 的旱地土的土壤作为试验土。它包括森林土和农田土，采样深度为 5～20 cm。在这个经纬度的地区，常年降雨 1000～1450 mm，年平均气温在 18℃左右，冬季最低气温在 6～8℃。组成土壤的森林土采自沙坪坝歌乐山，农田土采自沙坪坝虎溪镇。土壤采回实验室后放置通风处晾干，去除较大的砾石、树草等侵入体，再进行碾磨成碎，用 8 目筛进行筛选，以混合均匀备用。土壤的检测结果见表 6-1。

2. 热解炭

试验用热解炭按前面章节所述制备，即试验原料、试验装置及热解条件均同前面章节。根据前述试验结果，500℃热解条件下的热解炭，其比表面积小，芳香化程度相对较低，结合已有的报道认为其对土壤的改良效果可能不明显，因此试验热解炭仅采用 600℃、700℃、800℃三个热解温度段的热解炭。热解炭性质列于表 6-1。

表 6-1   原土和热解炭的性质

项目	单位	热解炭			原土
		600℃	700℃	800℃	
pH		8.31	8.52	8.64	7.05
CEC	cmol/kg	—	—	—	11.12
有机质（OM）	g/kg	—	—	—	29.92
BET比表面积	m²/g	0.98	28.42	111.92	—
微孔体积	$10^{-4}cm^3/g$	3.48	109.48	371.47	—
N	%	2.30	2.02	1.56	—
C	%	56.24	57.76	56.13	—
S	%	0.33	0.28	0.30	—
H	%	2.27	1.46	0.96	—
O	%	13.52	12.38	12.32	—
O/C		0.240	0.214	0.219	—
H/C		0.040	0.025	0.017	—

6.2.2   试验组分结构

试验总共进行 10 个设置处理，分为对照组和实验组，其中对照组为没有添加热解炭的组，实验组分别为添加 0.5%、1%和 2%的 600℃、700℃和 800℃

热解炭处理的组，见表 6-2。为了行文的简洁化，将没有添加热解炭的组简写为 CK，其他添加热解炭的组分别简写为 BC600℃-0.5%、BC700℃-0.5%、BC800℃-0.5%、BC600℃-1%、BC700℃-1%、BC800℃-1%、BC600℃-2%、BC700℃-2%和 BC800℃-2%。每个处理设计两个重复，共设置 20 个培养盆栽。盆栽用塑料盆内径 36 cm、高 12 cm，如图 6-1 所示。每个盆栽内置供试土壤 8.00 kg。进行试验之前，先根据各处理设计将热解炭按设计的量加进土壤后混合均匀，再往选好的培养盆中添加土壤，然后将 1 g 黑麦草种子播种在培养盆中，静置在自然温度下进行培养。培养试验在 2013 年 7 月启动，共持续 36 周，前 8 周每周进行土样采集，第 8 周后分别于第 10 周、第 12 周、第 14 周、第 16 周、第 20 周、第 24 周和第 36 周采集土样。按照称重法并根据气温变化及天气情况在培养期间不定期添注蒸馏水，以保持土壤含水量达到 60%的田间持水量。

表 6-2　试验处理描述

热解终温/℃	0	0.5%	1%	2%
600		BC600℃-0.5%	BC600℃-1%	BC600℃-2%
700	CK	BC700℃-0.5%	BC700℃-1%	BC700℃-2%
800		BC800℃-0.5%	BC800℃-1%	BC800℃-2%

图 6-1　试验装置图

6.2.3 热解炭加入土壤后分析测试

热解炭各项指标的分析方法同前述章节，土样各指标的分析测试方法如下。

1. 检测 pH

土壤 pH 测定操作如下：称取通过 1 mm 筛的风干土样 2 g（±0.01 g），并将之放入烧杯（50 mL）中。再往烧杯中加入纯净的蒸馏水（20 mL），用玻璃棒剧烈搅拌烧杯内加入水的土样 1 min，再将烧杯静置 10 min，然后再重新搅拌烧杯里的加水土样 1 min，最后制成土壤悬浊液。将电极安装就绪并经活化后，用标准 pH 缓冲液定位与校正，然后将电极插入制成的土壤悬浊液中（酸度计预热 20～30 min），搁置平衡 1 min 后再读取数据。

2. 检测 CEC

按照《土壤检测第 5 部分：石灰性土壤阳离子交换量的测定》（NY/T 1121.5—2006）检测土壤 CEC。其方法步骤是，用盐酸（0.25 mol/L）破坏碳酸盐，再用盐酸（0.05 mol/L）处理试样，使土壤中的交换性盐基完全被置换，进而形成氢饱和土壤。然后用乙醇进行冲洗，以洗去多余的盐酸，再加入乙酸钙溶液（1 mol/L），从土壤中用 Ca^{2+} 交换出 H^+，再用碱液（0.02 mol/L NaOH 溶液）滴定土壤溶液中形成的乙酸，最后计算出土壤 CEC。

3. 检测有机质

检测有机质可采用重铬酸钾容量法。其方法步骤是，将重铬酸钾溶液（1.0 mol/L）与浓硫酸迅速混合以产生热量，并用以氧化土壤样本中的有机质。然后用 $FeSO_4$（0.5 mol/L）标准溶液进行氧化滴定，将邻菲罗啉作为指示剂，通过消耗重铬酸钾的量计算土壤有机质。

6.2.4 Spearman 数据处理

1904 年斯皮尔曼（Spearman）提出了智力结构的"二因素说"，即 G 因素（一般因素）和 S 因素（特殊因素）。按二因论的要义，人类智力内涵，包括两种因素：一种为普通因素（general factor），简称 G 因素；另一种为特殊因素（specific factor），简称 S 因素。按 Spearman 的解释，人的普通能力得自先天遗传，主要表现在一般性生活活动上，从而显示个人能力的高低。S 因素代表的特殊能力只与少数生活活动有关，是个人在某方面表现出的异于别人的能力。一般智力测验所测能力就是普通能力。数据（data）是对事实、概念或指令的一种表达形式，可由人工或自动化装置进行处理。数据经过解释并赋予一定的意义之后，便成为信息。数据处理是对数据的采集、存储、检索、加工、变换和传输。数据处理的基本目的是从大量的、可能是杂乱无章的、难以理解的数据中抽取并推导出对某些特定的人们来说是有价值、有意义的数据。

Spearman 数据处理主要是针对两个连续变量之间的相关性，也可以使用 Spearman 相关（或 Pearson 相关）分析。Spearman 相关适用于判断两个非正态分布（或者有不能剔除的异常值）的连续变量之间的相关关系。使用 Spearman 相关分析时，需要考虑两个假设。

假设 1：观测变量是非正态分布（或者有不能剔除的异常值）的连续变量。

假设 2：变量之间存在单调关系。

这里，在试验过程中采用 Spearman 进行相关性分析，并利用 SPSS 20.0 进行分析。运用 Excel 2013 处理其他数据，用 Origin 9.0 进行绘图。

6.3　试验结果分析

6.3.1　热解炭对土壤 pH 的影响

表 6-1 表明，试验用热解炭均呈碱性，试验土壤初始 pH 为 7.05。图 6-2 表明，添加热解炭后，土壤的 pH 均有不同程度的提高。试验开始前两周，所有试验土壤的 pH 均迅速上升，至第 2 周时，对照组 CK 和各试验组 BC600℃-0.5%、BC600℃-1%、BC600℃-2%、BC700℃-0.5%、BC700℃-1%、BC700℃-2%、BC800℃-0.5%、BC800℃-1%和 BC800℃-2%的 pH 分别为 7.18、7.42、7.43、7.48、7.48、7.46、7.63、7.69、7.74、7.76，比它们在初始的 pH 分别提高了 0.13、0.37、0.39、0.44、0.44、0.41、0.59、0.64、0.69、0.71。与对照组相比，添加热解炭的处理组 pH 提高了 0.24～0.58。两周以后，所有试验土壤的 pH 均下降，并在第 5 周达到最低，此时 CK、BC600℃-0.5%、BC600℃-1%、BC600℃-2%、BC700℃-0.5%、BC700℃-1%、BC700℃-2%、BC800℃-0.5%、BC800℃-1%和 BC800℃-2%的 pH 分别为 7.12、7.26、7.35、7.33、7.30、7.31、7.44、7.47、7.47、7.51，比它们各自第 2 周的 pH 分别降低了 0.06、0.16、0.08、0.15、0.18、0.15、0.19、0.22、0.27、0.25。5 周后，土壤 pH 随时间延长逐渐增加，至 12～14 周基本趋于稳定。培养 36 周后，CK 组 pH 较初始提高了 0.13，BC600℃-0.5%、BC600℃-1%、BC600℃-2%、BC700℃-0.5%、BC700℃-1%、BC700℃-2%、BC800℃-0.5%、BC800℃-1%、BC800℃-2%的 pH 均高于 CK 组，比初始的 pH 分别提高了 0.35、0.38、0.43、0.55、0.69、0.81、0.68、0.83、0.94。

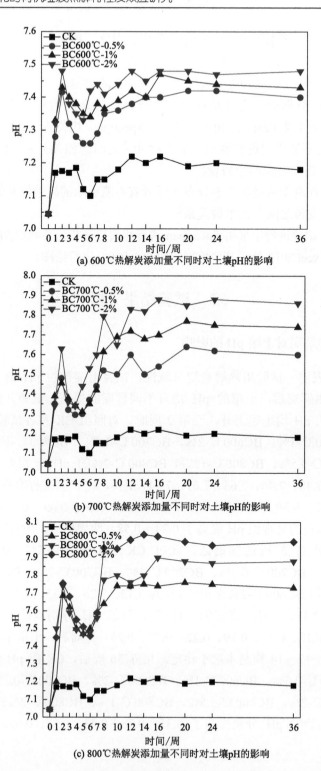

(a) 600℃热解炭添加量不同时对土壤pH的影响

(b) 700℃热解炭添加量不同时对土壤pH的影响

(c) 800℃热解炭添加量不同时对土壤pH的影响

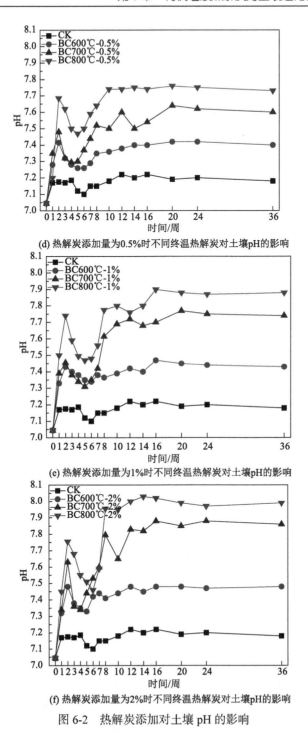

(d) 热解炭添加量为0.5%时不同终温热解炭对土壤pH的影响

(e) 热解炭添加量为1%时不同终温热解炭对土壤pH的影响

(f) 热解炭添加量为2%时不同终温热解炭对土壤pH的影响

图 6-2　热解炭添加对土壤 pH 的影响

本研究在实验室内进行，为模拟土壤自然循环过程，在土壤中种植了黑麦草，并保持适宜的水分。从试验结果看，添加热解炭初期，土壤 pH 短期升高可能主要是物理化学作用的结果。由于热解炭呈碱性，表面含有大量的如 K^+、Ca^{2+}、Mg^{2+} 等碱基离子（Kim et al.，2012），热解炭与土壤混合以及碱基离子与 H^+ 交换，可能导致土壤 pH 短期快速上升。热解炭添加 3～5 周，土壤 pH 开始下降可能是生物化学作用的结果。随着热解炭的添加，土壤经过一定的适应期后，其中易降解的有机物开始降解，释放出 H_2O 和 CO_2，形成 H_2CO_3，导致土壤 pH 下降。此外，黑麦草在播种后第 2～5 周生长旺盛，植物在生长过程中不断地吸收利用 K^+、Ca^{2+}、Mg^{2+} 等阳离子也可能造成土壤 pH 下降。5 周以后，添加热解炭的土壤 pH 稳步上升，并在 12～14 周后基本稳定。这可能是热解炭中易于降解的有机物快速降解后，剩余的有机物降解变得缓慢，此时热解炭中 K^+、Ca^{2+}、Mg^{2+} 等不断被释放，并通过吸持作用降低土壤的交换性阳离子和铝离子的水平，从而使得土壤 pH 稳步上升，最终达到一个动态平衡。由此可见，热解炭能促进中性土壤 pH 提高，并很好地调节土壤的 pH。

图 6-2（a）～（c）显示热解炭添加量对土壤 pH 的影响，可以看出，培养 36 周后，添加热解温度为 600℃热解炭，添加量为 0.5%（相当于 4 t/hm²）、1.0%（8 t/hm²）和 2.0%（16 t/hm²）的土壤 pH 分别较对照组高 0.22、0.25 和 0.30；添加热解温度为 700℃热解炭，添加量为 0.5%、1.0%和 2.0%的土壤 pH 分别较对照组高 0.42、0.56 和 0.68；添加热解温度为 800℃热解炭，添加量为 0.5%、1.0%和 2.0%的土壤 pH 分别较对照组高 0.55、0.70 和 0.81。添加相同热解终温的热解炭，添加量越大，土壤 pH 增加越大。这与吴志丹等（2012）的研究结果类似，他们以 8 t/hm²、16 t/hm²、32 t/hm² 和 64 t/hm² 的热解炭添加量处理茶园土，结果表明，1～20 cm 土层土壤 pH 分别比对照组高 0.19、0.38、0.75 和 1.72；20～40 cm 土层土壤 pH 分别比对照组高 0.05、0.21、0.27 和 0.61。

图 6-2（d）～（f）显示不同热解终温得到的热解炭对土壤 pH 的影响，可以看出，采用相同的添加量，添加不同热解温度的热解炭，对土壤 pH 的影响程度不同；热解炭添加量为 0.5%～2%时，对于 600℃、700℃和 800℃的热解炭，土壤 pH 分别提高了 0.22～0.30、0.42～0.68 和 0.55～0.81，热解炭的热解温度越高，对土壤 pH 的提升效果越明显。这与张伟明（2012）的研究结果一致，他认为热解炭与土壤进行酸碱中和。在终温为 800℃的条件下制取的热解炭具有的 pH 更高，添加进土壤以后可以使土壤的 pH 提高得更高。此外，从图 6-2（d）～（f）还可以看出，添加低温热解炭，土壤 pH 下降经历的时间也较长，之后 pH 上升的幅度较小，下降得也较慢，而高温则正好相反。上述这些表明，热解炭对土壤 pH 的影响不仅与添加量有关，还与热解炭的性质有关。第 2 章和第 3 章研究结果表明，热解温度越高，热解炭的比表面积越大、平均孔径越小、

微孔体积越大、H/C 和 O/C 越小、芳香化程度越高、极性越小、碱性官能团越多，表面官能团含有大量的碱基离子，这些均使得高温热解炭对土壤 pH 提升和改良的效果更为明显。武玉等（2014）的研究表明，热解炭对酸碱度的改良效果不仅与热解炭的碱度有关，还与热解炭的特性有关，同时也与表面的盐及官能团（$CaCO_3$、$MgCO_3$ 等）和有机酸根（—COO^-等）有关；制取热解炭终温高时，热解炭表面的碳酸盐含量增多，反之则有机酸含量较多。

6.3.2　热解炭对土壤 CEC 的影响

从表 6-1 可知，试验土壤初始 CEC 为 11.12 cmol/kg。图 6-3 表明，添加热解炭后，土壤 CEC 总体增大了，并呈现先升高、再降低，然后再稍微升高、再缓慢下降的趋势。添加 600℃热解炭，土壤 CEC 在 4 周左右升至高点，比初始值提高了 2～3 cmol/kg；添加 700℃热解炭，土壤 CEC 在 4～6 周升至高点，比初始值提高了 3～5 cmol/kg；添加 800℃热解炭，土壤 CEC 在两周左右升至高点，比初始值提高了 3～7 cmol/kg；添加热解炭后，土壤 CEC 随时间的变化与 pH 类似，但总体较 pH 滞后；CK 组土壤 CEC 为 10.99～12.10 cmol/kg，在整个试验过程中的变化不是太大。与土壤初始 CEC 相比，添加热解炭培养 36 周后，BC600℃-0.5%、BC600℃-1%、BC600℃-2%、BC700℃-0.5%、BC700℃-1%、BC700℃-2%、BC800℃-0.5%、BC800℃-1%和 BC800℃-2%的 CEC 分别提高 2.28 cmol/kg、2.99 cmol/kg、3.12 cmol/kg、3.62 cmol/kg、4.51 cmol/kg、4.78 cmol/kg、4.61 cmol/kg、5.22 cmol/kg 和 5.26 cmol/kg。

将热解炭添加进土壤，增加了土壤 CEC，既可归因于热解炭表面官能团的存在和碱性特征，又可归因于土壤的理化性质和结构。具体来说，将热解炭添加进土壤，这有利于土壤形成有机胶体和有机-无机复合体，从而增加胶体表面的阳离子吸附位点。另外，热解炭具有较大的比表面积，氧化作用可以促使热解炭表面的含氧官能团数量增加，提高对阳离子的吸附能力（吴志丹等，2012），进而使土壤 CEC 得到提高，这些有利于土壤肥力的提高。图 6-3 还表明，热解炭在土壤中作用时间延长，在生物和非生物的作用下，热解炭表面氧化会产生羧基等官能团，从而提高 CEC。该作用主要发生在前期，所以前期土壤 CEC 增加显著。

图 6-3（a）～（c）显示热解炭添加量对土壤 CEC 的影响，可以看出，培养 36 周后，添加热解温度为 600℃热解炭，添加量为 0.5%、1%和 2%的土壤 CEC 分别较对照组高 1.43 cmol/kg、2.14 cmol/kg 和 2.27 cmol/kg；添加热解温度为 700℃热解炭，添加量为 0.5%、1%和 2%的土壤 CEC 分别较对照组高 2.77 cmol/kg、3.66 cmol/kg 和 3.93 cmol/kg；添加热解温度为 800℃热解炭，添加量为 0.5%、1%和 2%的土壤 CEC 分别较对照组高 3.76 cmol/kg、4.37 cmol/kg 和 4.41 cmol/kg。添

加相同热解终温的热解炭，添加量越大，土壤 CEC 增加越多。之前也有研究表明，热解炭施用量越高，对土壤 CEC 提升的效果越好（刘祥宏，2013）。

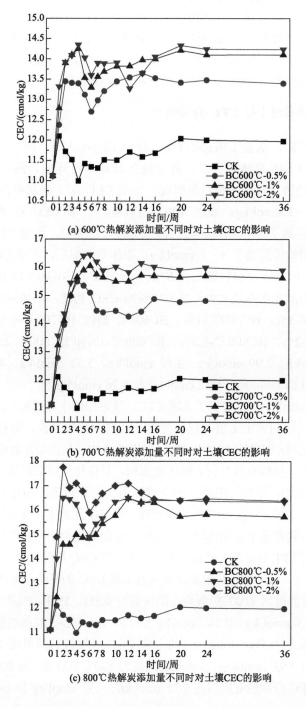

(a) 600℃热解炭添加量不同时对土壤CEC的影响

(b) 700℃热解炭添加量不同时对土壤CEC的影响

(c) 800℃热解炭添加量不同时对土壤CEC的影响

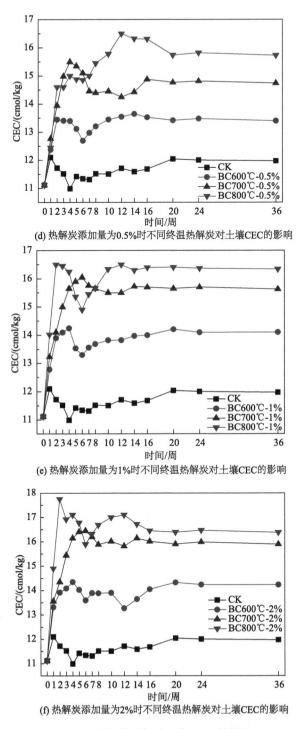

(d) 热解炭添加量为0.5%时不同终温热解炭对土壤CEC的影响

(e) 热解炭添加量为1%时不同终温热解炭对土壤CEC的影响

(f) 热解炭添加量为2%时不同终温热解炭对土壤CEC的影响

图 6-3　热解炭添加对土壤 CEC 的影响

图 6-3（d）～（f）显示不同热解终温得到的热解炭对土壤 CEC 的影响，可以看出，采用相同的添加量，添加不同热解温度的热解炭，对土壤 CEC 的影响程度不同；热解炭添加量为 0.5%～2%时，600℃、700℃和 800℃热解炭对土壤 CEC 分别提高 1.43～2.27 cmol/kg、2.77～3.93 cmol/kg 和 3.76～4.41 cmol/kg，热解炭的热解温度越高，对土壤 CEC 的提升效果越明显。CEC 提高幅度与 BET 比表面积、热解炭 pH、微孔体积正相关。有研究者在对热解炭表面官能团分析时，发现了丰富的—OH、—COH、—COOH 等含氧官能团，他们认为离解—OH、—COOH 等，可以使热解炭表面的负电荷数量增加（袁金华和徐仁扣，2011）。因而可以推断热解炭表面丰富的含氧官能团是土壤 CEC 提高的主要原因之一。

6.3.3 热解炭对有机质的影响

从表 6-1 可知，试验初始有机质含量为 29.923g/kg；图 6-4 显示，在培养的前几周，有机质含量出现较大的波动。添加热解炭后的前两周，有机质含量有一定的下降，这可能是由于热解炭对土壤有机质的吸附量大于向土壤的释放量；之后，随着热解炭中易降解有机质的降解向土壤缓慢释放有机碳，有机质含量开始上升，并在第 4 周达到最大，各试验组 BC600℃-0.5%、BC600℃-1%、BC600℃-2%、BC700℃-0.5%、BC700℃-1%、BC700℃-2%、BC800℃-0.5%、BC800℃-1%和 BC800℃-2%的有机质含量分别为 34.75 g/kg、35.10 g/kg、35.45 g/kg、34.06 g/kg、34.67 g/kg、36.84 g/kg、32.67 g/kg、33.71 g/kg 和 34.02 g/kg，比其初始有机质含量分别提高 4.83 g/kg、5.18g /kg、5.53 g/kg、4.14 g/kg、4.75 g/kg、6.92 g/kg、2.75 g/kg、3.78 g/kg 和 4.10 g/kg，比 CK 组有机质含量分别提高 2.47 g/kg、2.81 g/kg、3.16 g/kg、1.77 g/kg、2.38 g/kg、4.55 g/kg、0.38 g/kg、1.42 g/kg 和 1.73 g/kg；4 周后，随着热解炭中易降解有机质逐渐被降解完，剩下较难降解有机质向土壤释放有机碳的速率变缓，加之植物的吸收和土壤有机物的降解，有机质含量呈下降趋势，并于 24 周后基本稳定；培养 36 周后，添加热解炭的试验组 BC600℃-0.5%、BC600℃-1%、BC600℃-2%、BC700℃-0.5%、BC700℃-1%、BC700℃-2%、BC800℃-0.5%、BC800℃-1%和 BC800℃-2%的有机质含量较 CK 组分别提高 1.73 g/kg、3.81 g/kg、4.15 g/kg、3.56 g/kg、4.45 g/kg、6.46 g/kg、4.09 g/kg、6.18 g/kg 和 6.59 g/kg。

从图 6-4 可以看出，添加热解炭提高土壤有机质含量，并且热解炭添加量越大，土壤有机质含量提高越多；在相同的添加水平下，热解炭的热解温度越高，最终对土壤有机质含量的提升效果越好，尽管在试验初期并未显现出这种趋势，但试验后期这种趋势是比较明显的。这是由于：首先，热解炭本身含有较高的有机物；其次，高温热解炭含有的有机物具有高度的生化稳定性，难以短期内被分解，属于缓释碳源。同时，热解炭具有对有机分子的吸附力，可以促使有机质的形成，主要是通过表面催化活性聚合小的有机分子而形成（李力等，2011）。章明奎等（2012）对此进行了研究，其结果与此相一致，他们发现施用热解炭后的土壤中易氧化态碳的比例明显下降，并且下降量随热解炭施用量的增加而增加。

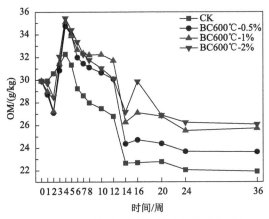

(a) 600℃热解炭添加量不同时对有机质的影响

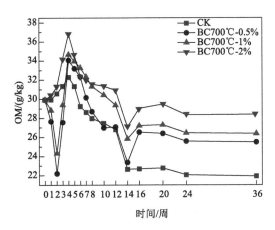

(b) 700℃热解炭添加量不同时对有机质的影响

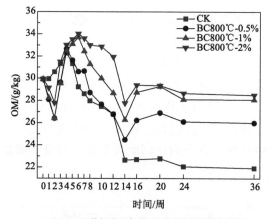

(c) 800℃热解炭添加量不同时对有机质的影响

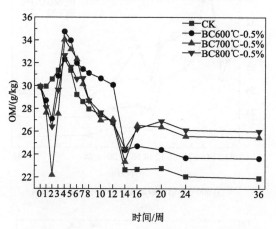

(d) 热解炭添加量为0.5%时不同终温热解炭对有机质的影响

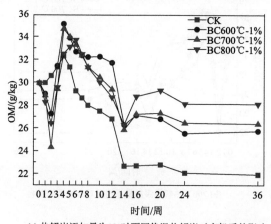

(e) 热解炭添加量为1%时不同终温热解炭对有机质的影响

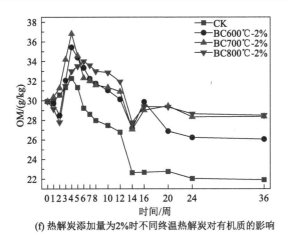

(f) 热解炭添加量为2%时不同终温热解炭对有机质的影响

图 6-4　热解炭添加对有机质的影响

图 6-4（a）～（c）显示热解炭添加量对有机质的影响，可以看出，培养 36 周后，添加热解温度为 600℃热解炭，添加量为 0.5%、1%和 2%时有机质含量分别较对照组提高 1.73 g/kg、3.81 g/kg 和 4.15 g/kg；添加热解温度为 700℃热解炭，添加量为 0.5%、1%和 2%时有机质含量分别较对照组提高 3.56 g/kg、4.45 g/kg 和 6.46 g/kg；添加热解温度为 800℃热解炭，添加量为 0.5%、1%和 2%时有机质含量分别较对照组提高 4.09 g/kg、6.18 g/kg 和 6.59 g/kg。有机质含量随热解炭添加量的增加而提高，这与 Patwardhan 等（2011）的研究结果一致，他们发现施入热解炭能显著提高有机质含量。按照 20 t/hm² 和 40 t/hm² 的标准将热解炭添加进土壤，有机质含量出现明显提高趋势。在苗期较初始量分别提高了 55.77%和 80.79%，在收获期较初始量分别提高了 22.77%和 49.80%。花莉等（2012）的研究表明，土壤活性有机碳占有机碳量的比例随热解炭添加量的增加而降低，这有利于土壤惰性碳的积累，降低 CO_2 的释放。

然而，通过不同试验组有机质的方差分析（表 6-3）不难发现，添加 0.5%的热解炭，由于其添加量（相当于 4 t/hm²）相对较小，其有机质含量与对照组（CK）的有机质含量在 0.05 的水平上并无显著差异。而添加 1%（相当于 8 t/hm²）和 2%（相当于 16 t/hm²）的热解炭试验组有机质含量与对照组有机质含量在 0.05 的水平上有显著差异。表明为提高有机质的含量，热解炭添加量不宜太小，宜超过 8 t/hm²，甚至 16 t/hm²。

表 6-3　不同试验组有机质的方差分析（F 值）

处理	CK	BC600 ℃-0.5%	BC600 ℃-1%	BC600 ℃-2%	BC700 ℃-0.5%	BC700 ℃-1%	BC700 ℃-2%	BC800 ℃-0.5%	BC800 ℃-1%	BC800 ℃-2%
CK	—									

续表

处理	CK	BC600℃-0.5%	BC600℃-1%	BC600℃-2%	BC700℃-0.5%	BC700℃-1%	BC700℃-2%	BC800℃-0.5%	BC800℃-1%	BC800℃-2%
BC600℃-0.5%	1.28	—								
BC600℃-1%	4.54*	0.83	—							
BC600℃-2%	6.33*	1.56	0.11	—						
BC700℃-0.5%	0.23	0.51	3.06	4.63*	—					
BC700℃-1%	2.97	0.25	0.21	0.68	1.73	—				
BC700℃-2%	11.05*	4.04	1.31	0.7	9.09*	2.77	—			
BC800℃-0.5%	0.72	0.25	2.87	4.76*	0.11	1.41	10.56*	—		
BC800℃-1%	4.92*	0.74	0.03	0.34	3.29	0.12	2.43	3.31	—	
BC800℃-2%	10.47*	3.52	0.92	0.4	8.51*	2.26	0.07	10.09*	1.9	—

* 对应两组土壤有机质在 0.05 的水平上差异显著。

图 6-4（d）～（f）显示不同热解终温得到的热解炭对有机质的影响，可以看出：采用相同的添加量，添加不同热解温度的热解炭，对有机质的影响程度不同；与对照组相比，热解炭添加量为 0.5%～2%时，600℃、700℃和 800℃的热解炭对有机质含量分别提高 1.73～4.09 g/kg、3.81～6.18 g/kg 和 4.15～6.59 g/kg，热解炭的热解温度越高，对有机质含量的提升效果越明显。培养 36 周后，对照组有机质含量，较其初始含量减少 8.01 g/kg；添加热解炭的试验组有机质含量较其相应的初始含量降低了 1.42 g/kg～6.28 g/kg，但均小于对照组的降低量。热解炭对有机质的影响由多方面因素决定，包括热解炭的性质和用量、土壤的理化性质和环境条件。本研究采用的热解炭中 C 含量为 56.13%～57.76%，这对增加有机质是有利的；热解炭具有较大的比表面积和微孔体积，具有良好的吸附性能和调理能力，有利于土壤养分的缓释。研究表明，热解炭本身挟带的养分对作物生长和产量的促进作用很小，而主要是通过影响土壤理化性质、微生物活性进而减少土壤肥料养分流失，并能够间接对植物起作用（何绪生等，2011）。

6.4　小　结

添加热解炭于土壤中，在物理化学、生物化学作用下，土壤 pH 呈现先升高、再下降、然后稳步上升的变化趋势，于 14 周后基本稳定，培养 36 周后，添加热解炭的土壤 pH 较初始 pH 提高 0.35～0.94，较对照组提高 0.22～0.81。热解炭能促进中性土壤 pH 提高，并很好地调节土壤的 pH；添加相同热解终温的热解炭，添加量越大，土壤 pH 增加越大；热解炭的热解温度越高，对土壤 pH 的提升效果越明显。添加热解炭后，土壤 CEC 随时间的变化与 pH 类似，但总体较 pH 滞后。对照组土壤的 CEC 在整个试验过程中变化不大，添加热解炭的土壤在 36 周后，CEC 提高 2.28～5.26 cmol/kg。热解炭在土壤中的时间足够长时，热解炭表面会发生氧化作用，进而产生羧基等官能团，从而提高土壤 CEC。添加热解炭后，土壤 CEC 总体增大了；添加相同热解终温的热解炭，添加量越大，土壤 CEC 增加越多；热解炭的热解温度越高，越有利于土壤 CEC 的提升。

添加热解炭促使土壤有机质含量提高，并且热解炭添加量越大，土壤有机质含量提高越多；热解炭的热解温度越高，最终对土壤有机质含量的提升效果越好。随着热解炭中易降解有机质逐渐被降解完，剩下较难降解有机质向土壤释放有机碳的速率变缓，有机质含量呈下降趋势，36 周后，对照组有机质含量降低 8.01 g/kg，热解炭处理组降低 1.42～6.28 g/kg。添加 0.5%的热解炭，其有机质含量与对照组有机质含量在 0.05 的水平上并无显著差异；而添加 1%和 2%的热解炭试验组有机质含量与对照组有机质含量在 0.05 的水平上有显著差异；为提高有机质含量，热解炭添加量不宜太小，宜超过 8 t/hm^2。添热解炭对土壤理化性质的改善效果受到热解炭物理结构和化学性质的影响。高温热解炭的孔隙度更高，BET 比表面积更大，具有更好的吸附性能，对土壤养分的缓释效果更好。

第7章 有机垃圾热解炭对土壤温室气体排放的影响

7.1 引 言

热解炭对土壤的改良效果与热解炭的性质与添加量密切相关，并受到土壤性质的影响，同时土壤种植的植物种类，以及土壤所处的生态环境条件等，也会对改良效果产生影响。土壤生态系统中 C、N 的流动过程及其形态转化，可以通过降水、施肥、灌溉、微生物固定实现，使 C、N 输入土壤生态系统；也可以通过氧化、还原、植物吸收、微生物分解、微生物固定等进行转化；土壤生态系统中的 C、N 还可以通过径流、渗漏、气态损失、人工排水等流失（Yu et al.，2014）。人类活动的加剧和自然环境的恶化不断弱化土壤碳汇能力，这既使土壤的肥力降低，又向大气释放出 CO_2、N_2O、CH_4 等温室气体。其中，主要的温室气体是 CO_2，对气候变暖的贡献率约为 40%。土壤呼吸过程会产生 CO_2，其强度主要受到土壤中微生物类群的数量与活性、有机质的数量及矿化速率和动植物的呼吸作用等的影响。土壤 CO_2 排放是土壤中生物代谢和生物化学过程等各种因素的综合产物（刘博，2009）。虽然目前 N_2O 占温室气体总效应的比例较小，但其在大气中的存留时间较长，约为 150 年，且摩尔增温效应约为 CO_2 的310 倍，因此 N_2O 增温潜势巨大。土壤 N_2O 排放受土壤含水量、温度、肥料、有机质含量、pH、孔隙度、动植物等因素的影响。

目前众多研究表明，热解炭施入土壤后可降低土壤中温室气体的排放，有利于减缓全球气候变暖的进程。然而，这些研究大多集中在农林废弃物热解炭方面，对城镇有机垃圾热解的研究较少。此外，热解炭施入土壤，对土壤温室气体排放量的影响因热解炭原料、热解炭热解条件、施入热解炭量、土壤类型及其环境条件等诸多因素的不同而有差异。本章研究有机垃圾热解炭对土壤 CO_2 和 N_2O 排放的影响，通过向土壤添加不同热解条件的热解炭、设置不同的热解炭添加量，研究热解炭对土壤温室气体排放的影响，为有机垃圾热解炭的应用提供技术支撑。

7.2　试验所需材料与检测方法

7.2.1　试验所需材料

试验用热解炭及土壤同前面的章节。

7.2.2　试验设计与检测

研究热解炭对土壤理化性质影响的同时开展温室气体排放研究，因此本试验装置及组别设计同 6.2.2 节，每个处理设置两个重复。设置盆栽的同时，在土壤中埋入静态箱底座，如图 7-1 所示。静态箱底座为环形凹槽，采用 PVC 制作，外径（D）31 cm、内径（d）29 cm、凹槽深（h）5 cm，与培养盆连成一体，以利于静态箱嵌入时形成密闭空间。静态箱采用有机玻璃制作，直径（Φ）30 cm、高（H）30 cm，内部安装风扇以混匀箱内气体，顶部安装温度计，侧壁设置气体采样口。

如图 7-1 所示，采集气样时，将静态箱嵌入底座，再往底座凹槽内注入蒸馏水，使箱内气体与大气隔绝，用具有三通阀的注射器（50 mL）从取样通道口采集气样。采集气样时，将注射器重复推动几次，混匀箱内气体，后抽取 40 mL 气体转移至铝塑复合膜气袋中（0.5 L，大连海德机械科技有限公司）。

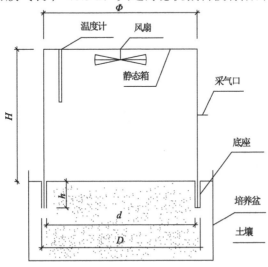

D=31cm，d=29cm，h=5cm，H=30cm，Φ=30cm

图 7-1　试验装置示意图

采气时间：分别在培养第 2 周、第 4 周、第 6 周、第 8 周、第 10 周、第 12 周、第 16 周、第 20 周、第 24 周、第 36 周进行气体采样，共 10 次；每次采样时间为上午 8:00～10:00，在罩箱后的 0 min、20 min、40 min、60 min、80 min 时采集气体，共 5 次，将气体转移至铝塑复合膜气袋中，24 h 之内用气相色谱仪分析测定。

7.2.3 试验分析测试方法

采用安捷伦 7890A 型气相色谱分析仪（美国）进行气体分析。分析 CO_2 时，采用的填充柱为 TDX-01，采用的检测器为火焰离子化检测器（FID）。样品中的 CO_2 经 Ni 催化转化为 CH_4 后，再进入 FID 进行检测。进样口、色谱柱、FID 的温度分别为 100℃、200℃、300℃，用 99.999%高纯氮气作为载气，燃气为空气和高纯氢气，其流速分别为 60 mL/min 和 400 mL/min，尾吹气流速为 5 mL/min。CO_2 出峰保留时间为 8 min。

N_2O 分析时，填充柱为 80/100 目 Porpak·Q，检测器为电子捕获检测器（ECD）。色谱柱的温度设定为 70℃，进样口的温度设定为 100℃，ECD 的温度设定为 300℃。进样采取定量的方法，具体工作用定量六通阀。载气用不容易与热解原料发生反应的惰性气体，在试验中用 99.999%高纯氮气。设定色谱柱流速，持续保持流速为 30 mL/min。设定尾吹气流速，持续保持流速为 60 mL/min。设定 N_2O 出峰保留时间为 3 min。

N_2O 标准气体的浓度分别为 0.5 ppm、1 ppm、5 ppm、30.3 ppm、201 ppm、606 ppm 和 1207 ppm，CO_2 标准气体的浓度分别为 50.6 ppm、199 ppm、402 ppm、601 ppm 和 1010 ppm（上海伟创标准气体有限公司）。CO_2 和 N_2O 释放通量采用式（7-1）计算：

$$J = \frac{V}{A} \cdot \frac{\mathrm{d}c}{\mathrm{d}t} \cdot \frac{P}{P_0} \cdot \frac{T_0}{T} \tag{7-1}$$

式中，J 为 CO_2 或 N_2O 的释放通量，$mg/(m^2 \cdot h)$ 或 $\mu g/(m^2 \cdot h)$；V 为静态箱体积，m^3；A 为静态箱底面积，m^2；$\mathrm{d}c/\mathrm{d}t$ 为箱内 CO_2 或 N_2O 浓度随时间的变化率，$mg/(m^3 \cdot h)$ 和 $\mu g/(m^3 \cdot h)$；P 为静态箱内气体压强，Pa；P_0 为标准状态下气体压强（$1.013 \times 10^5 Pa$）；T 为静态箱内空气热力学温度，K；T_0 为标准状态下空气热力学温度（273.15K）。

7.2.4 分析检测数据

数据整理计算使用 Excel 2013，统计分析采用 SPSS 20.0 软件，绘图使用

Origin 9.0 软件。dc/dt 采用线性拟合确定，当相关性系数（R^2）大于 0.9 时，认为数据有效，否则重新取样检测。

7.3　检测结果的分析研究

7.3.1　热解炭对土壤 CO_2 排放的影响

图 7-2 为热解炭对土壤 CO_2 排放通量的影响。从图 7-2 可以看出，随着试验进行，土壤 CO_2 排放通量先增加（前 4～6 周），而后快速下降，至 12 周后基本稳定。在第 6 周，BC600℃-0.5%、BC600℃-1%、BC600℃-2%、BC700℃-0.5%、BC800℃-0.5%土壤 CO_2 排放通量出现峰值，分别为 220.47 mg/（m²·h）、174.14 mg/（m²·h）、119.66 mg/（m²·h）、195.39 mg/（m²·h）、175.10 mg/（m²·h）；在第 4 周，CK、BC700℃-1%、BC700℃-2%、BC800℃-1%和 BC800℃-2%土壤 CO_2 排放通量出现峰值，分别为 153.22 mg/（m²·h）、156.00 mg/（m²·h）、137.98 mg/（m²·h）、145.06 mg/（m²·h）、121.64 mg/（m²·h）。前 8 周，添加热解炭的试验组土壤 CO_2 排放通量均出现比对照组高的情况，这可能是由于供试热解炭表面含有一些易降解有机质，进入土壤后，它们成为微生物的碳源，被分解利用并释放出 CO_2，这从热解炭对有机质的影响也可以得到验证。10 周后，添加热解炭的土壤 CO_2 排放通量均比对照组低；经过 36 周的培养，CK、BC600℃-0.5%、BC600℃-1%、BC600℃-2%、BC700℃-0.5%、BC700℃-1%、BC700℃-2%、BC800℃-0.5%、BC800℃-1%和 BC800℃-2%的土壤 CO_2 排放通量分别降至 44.70 mg/（m²·h）、38.64 mg/（m²·h）、31.91 mg/（m²·h）、27.79 mg/（m²·h）、33.05 mg/（m²·h）、31.78 mg/（m²·h）、30.15 mg/（m²·h）、37.62 mg/（m²·h）、22.25 mg/（m²·h）、20.22 mg/（m²·h）；与对照组相比，添加热解炭的土壤 CO_2 排放通量下降 13.56%～54.77%。

上述研究结果表明，添加热解炭有利于降低土壤后期 CO_2 排放通量和总的 CO_2 排放量（表 7-1），这可归因于热解炭自身的生化稳定性，其对土壤团聚体进行物理保护，这些特性使得热解炭拥有一个较长的生命周期（张阿凤等，2009）；Zimmerman 等（2011）的同位素标记试验结果表明，CO_2 在培养早期析出，试验的热解炭早期出现矿化，但在后期被抑制。大多数研究者认为，热解炭表面氧化过程发生的时间比较短，热解炭含有的养分对土壤影响不大，其更主要的作用还是作为土壤调理剂或养分转化的驱动因子。张德强等（2006）的研究发现，土壤 CO_2 排放与季节明显相关，排放高峰在 6～8 月，这一时期排放的量占 CO_2 全年排放量的 30%～40%，本研究与这一结论相一致。本研究于 7 月开始，第 4～第 6 周（相当于 8 月）土壤 CO_2 排放通量达到高峰，第 24 周（相当于 1 月）土壤 CO_2 排放通量位于低点，之后至第 36 周（相当于 4 月），土壤 CO_2 排放通量逐步上升。

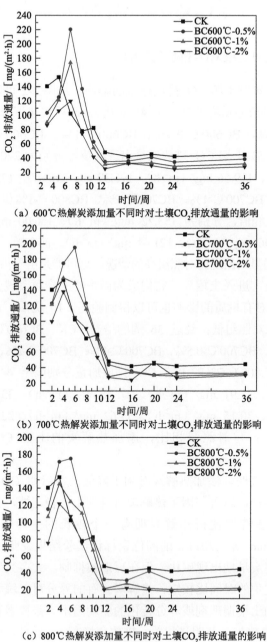

（a）600℃热解炭添加量不同时对土壤CO_2排放通量的影响

（b）700℃热解炭添加量不同时对土壤CO_2排放通量的影响

（c）800℃热解炭添加量不同时对土壤CO_2排放通量的影响

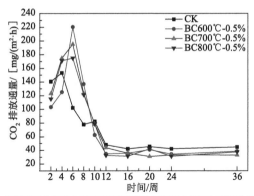

（d）热解炭添加量为0.5%时不同终温热解炭对土壤CO₂排放通量的影响

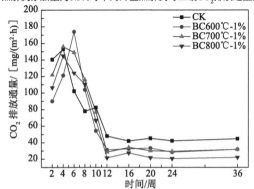

（e）热解炭添加量为1%时不同终温热解炭对土壤CO₂排放通量的影响

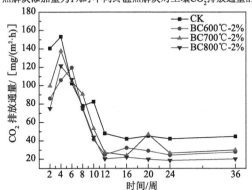

（f）热解炭添加量为2%时不同终温热解炭对土壤CO₂排放通量的影响

图 7-2　热解炭添加对土壤 CO_2 排放通量的影响

表 7-1　试验期间土壤 CO_2 排放量　　　　（单位：g/m²）

项目	CK	B1D1	B1D2	B1D3	B2D1	B2D2	B2D3	B3D1	B3D2	B3D3
CO₂排放量	395.05	389.74	328.36	273.07	399.08	357.85	308.06	387.70	298.13	238.77

注：B1、B2、B3 分别表示热解温度为 600℃、700℃、800℃；D1、D2、D3 分别表示热解炭添加量为 0.5%、1%和2%。

　　图 7-2（a）～（c）显示热解炭添加量对土壤 CO_2 排放通量的影响，可以看出，热解炭添加量越大，土壤 CO_2 排放通量越早达到峰值，且对 CO_2 排放减少量越显著。热解炭添加量为 0.5%的处理在第 6 周达到峰值，添加量为 2%的在第 4 周即达峰值。与对照组相比，除 BC700℃-0.5%外，其余添加热解炭的试验组 CO_2 排放通量均减小了。添加 600℃的热解炭，添加量为 0.5%、1%和 2%的试验组，土壤的 CO_2 排放通量较对照组分别减少 1.34%、16.88%和 30.88%；添加 800℃的热解炭，添加量为 0.5%、1%和 2%的试验组，土壤的 CO_2 排放通量较对照组分别减小 1.86%、24.53%和 39.56%。土壤 CO_2 排放通量在热解炭添加量为 2%时较 1%降低了 13.91%～19.91%，添加量为 1%时较 0.5%降低了 10.33%～23.10%。金素素（2013）研究发现，热解炭在土壤中的施加量每增加 1%，可以降低土壤 CO_2 释放量 8.3～9.0 ppm，即使土壤呼吸强度下降 4.8%～5.8%。

　　图 7-2（d）～（f）显示不同热解终温得到的热解炭对土壤 CO_2 排放通量的影响，可以看出，添加 800℃热解炭土壤 CO_2 排放通量最低；试验第 20～第 24 周（12 月～次年 1 月），各组土壤 CO_2 排放通量为整个试验的最小值，其中对照组为 42.174 mg/（$m^2\cdot h$），添加热解温度为 600℃、700℃和 800℃的热解炭，热解炭添加量为 0.5%时的土壤 CO_2 排放通量分别为对照组的 81.41%、67.47%和 57.64%；热解炭添加量为 1%时的土壤 CO_2 排放通量分别为对照组的 73.30%、67.59%、和 57.13%；热解炭添加量为 2%时的土壤 CO_2 排放通量分别为对照组的 74.07%、49.15%和 44.07%。土壤 CO_2 排放通量随热解炭热解温度的升高而下降。热解炭对土壤 CO_2 减排效果与热解炭的孔隙结构密切相关。热解炭能通过吸附土壤中的有机物和酶来抑制土壤有机质的矿化，进而减少 CO_2 的排放。Liang 等（2010）的研究结果也显示，与热解炭贫乏的土壤相比，将外源有机质施加进热解炭丰富的土壤中，土壤总碳的矿化速率降低了 25%，其原因主要在于热解炭的孔隙保护了进入其中的有机质，使它们不易被微生物分解，进而抑制了有机质的矿化。Bruun 等（2009）的研究表明，在两年的土壤培养中高温热解炭显示出更不容易出现炭损失，其 3.1%的炭损失明显低于低温热解炭 9.3%的炭损失。因此，与低温热解炭相比，高温热解炭更有利于减少土壤 CO_2 排放。

7.3.2　热解炭对土壤 N_2O 排放的影响

　　图 7-3 为热解炭对土壤 N_2O 排放通量的影响。从图 7-3 可以看出，培养初期土壤 N_2O 排放通量逐渐增加，并在第 4 周达到最大，此时对照组为

399.61 μg/（m²·h），添加热解炭的试验组为 140.08～274.27 μg/（m²·h）；之后，N₂O 排放通量迅速降低，至第 12 周后基本稳定，此时对照组为 91.16 μg/（m²·h），添加热解炭的试验组为 45.58～85.08 μg/（m²·h）；至 36 周，对照组为 98.40 μg/（m²·h），添加热解炭的试验组为 22.19～80.16 μg/（m²·h），各试验组 BC600℃-0.5%、BC600℃-1%、BC600℃-2%、BC700℃-0.5%、BC700℃-1%、BC700℃-2%、BC800℃-0.5%、BC800℃-1%和 BC800℃-2%的土壤 N₂O 排放通量分别比对照组低 18.54%、31.58%、34.71%、40.53%、47.70%、54.35%、63.50%、71.87% 和 77.45%。在整个培养期，添加热解炭的土壤 N₂O 排放通量均比对照组低，且最终的 N₂O 排放总量也比对照组低（表 7-2），各试验组 BC600℃-0.5%、BC600℃-1%、BC600℃-2%、BC700℃-0.5%、BC700℃-1%、BC700℃-2%、BC800℃-0.5%、BC800℃-1%和 BC800℃-2%的土壤 N₂O 排放总量分别比对照组降低 36.69%、44.20%、52.15%、47.73%、56.80%、58.67%、62.21%、67.51%和 71.16%。

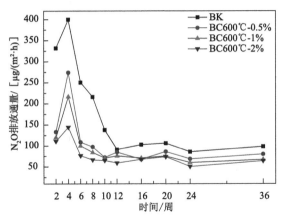

（a）600℃热解炭添加量不同时对土壤N₂O排放通量的影响

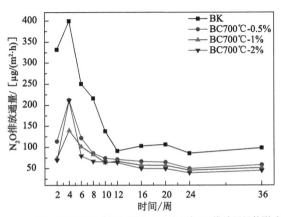

（b）700℃热解炭添加量不同时对土壤N₂O排放通量的影响

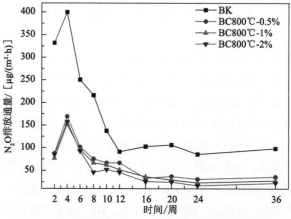

（c）800℃热解炭添加量不同时对土壤N₂O排放通量的影响

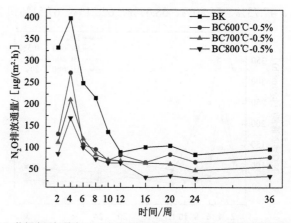

（d）热解炭添加量为0.5%时不同终温热解炭对土壤N₂O排放通量的影响

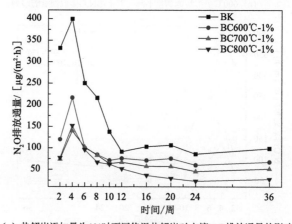

（e）热解炭添加量为1%时不同终温热解炭对土壤N₂O排放通量的影响

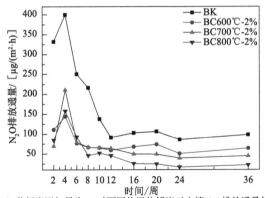

（f）热解炭添加量为2%时不同终温热解炭对土壤N₂O排放通量的影响

图 7-3 热解炭添加对土壤 N₂O 排放通量的影响

表 7-2 试验期间土壤 N₂O 排放量　　　　　（单位：g/m²）

项目	CK	B1D1	B1D2	B1D3	B2D1	B2D2	B2D3	B3D1	B3D2	B3D3
N₂O排放量	0.905	0.573	0.505	0.433	0.473	0.391	0.374	0.342	0.294	0.261

已有研究表明（朱霞，2013；王亚宜等，2014），N_2O 产生过程主要有氨氧化菌的亚硝化，氨氧化菌的反硝化、硝化协同反硝化，反硝化细菌的反硝化等。低氧浓度下氨氧化过程与硝化细菌反硝化过程是土壤 N_2O 产生的主要途径；氨氧化协同铁还原途径会产生 N_2O；在缺氧条件下，反硝化细菌反硝化过程是 N_2O 产生的唯一途径。受土壤搅拌混合的影响，试验前期的 2～4 周，土壤 N_2O 排放通量明显增加，且对照组明显高于添加热解炭的试验组，这与朱霞（2013）的研究结果一致。他们的研究结果表明，维持土壤通气性的农田管理措施如减少耕作和施用有机肥可减少土壤 N_2O 排放。在整个试验过程中，添加热解炭的土壤 N_2O 排放通量均比对照组低，这可能是由于：第一，热解炭含有较高的有机物，且含氮量较低，相对于无机氮的施入，可减少 N_2O 排放通量。第二，热解炭的多孔结构和大的比表面积，可增加对土壤养分的吸附，从而减少氮素的淋失和氧化还原的可能性。周志红等（2011）的研究表明，热解炭添加进土壤后可以防止土壤中氮素的淋失，在紫色土、黑钙土中按 50 t/hm² 施加量将热解炭添加进土壤可以使其总氮淋失量分别降低 41%、29%；而 100 t/hm² 的热解炭添加量将这两种土壤的总氮淋失量分别降低 74%和 78%。第三，热解炭含有丰富的微孔结构，有利于提高土壤的通气性，减少在缺氧条件下因反硝化而产生 N_2O 的量。第四，热解炭添加可在不同程度引起土壤理化性质的改变，增强对 N_2O 的直接吸附性。N_2O 的减排效果与热解炭在土壤中的埋藏时间正相关，究其原因

在于热解炭表面的氧化反应使其吸附能力得到增强（Singh et al.，2010）。第五，热解炭还能够催化反硝化过程中的核心步骤 $N_2O \rightarrow N_2$，进而降低 N_2O 的排放。此外，热解炭还有利于植物根瘤菌的生物固氮，黄剑等（2012）、徐文彬等（2002）、白红英等（2009）的研究也有类似的结果。

图7-3（a）～（c）显示热解炭添加量对土壤 N_2O 排放通量的影响，可以看出，经过36周试验，添加600℃的热解炭，对于添加量为0.5%、1%和2%的试验组，土壤的 N_2O 排放通量、排放总量较对照组分别减少18.54%、36.70%；31.58%、44.26%；34.71%、52.20%。添加700℃的热解炭，对于添加量为0.5%、1%和2%的试验组，土壤的 N_2O 排放通量、排放总量较对照组分别减少40.53%、47.72%；47.70%、56.76%；54.35%、58.70%。添加800℃的热解炭，对于添加量为0.5%、1%和2%的试验组，土壤的 N_2O 排放通量、排放总量较对照组分别减少63.50%、62.28%；71.87%、67.49%；77.45%、71.15%。热解炭添加量越大，土壤 N_2O 排放量减少越显著；高温热解炭（800℃）的不同添加量对土壤 N_2O 排放量的影响相对较小，而低温热解炭（600℃）的不同添加量对土壤 N_2O 排放量的影响相对较大。

图7-3（d）～（f）显示不同热解终温得到的热解炭对土壤 N_2O 排放通量的影响，可以看出，热解炭添加量为0.5%～2%时，与对照组相比，600℃、700℃和800℃温度下生产的热解炭加入土壤后，N_2O 排放通量分别减小18.54%～34.71%、40.53%～54.35%和63.50%～77.45%，土壤 N_2O 排放总量分别减少36.70%～52.20%、47.72%～58.70%和62.28%～71.15%。土壤 N_2O 排放量随热解炭热解温度的升高而下降，相比于低温热解炭，高温热解炭更有利于 N_2O 减排。Xu 和 Xie（2011）的研究得出了相似的结果，他们发现不同热解终温得到的热解炭可以使水稻土壤 N_2O 释放量降低，不同终温制取的热解炭效果不同，总体上终温为300℃的效果好于400℃，400℃的效果好于500℃，减少 N_2O 释放的能力可归因于热解炭比表面积的大小，随其比表面积的增大而增加。

600℃、700℃和800℃热解炭的氮素含量分别为2.30%、2.02%和1.56%，从供氮角度看，热解炭的添加提高了土壤有机氮含量。并且热解炭具有良好的孔隙结构，有利于增强对土壤中氮素等营养物的吸附，增加氮素在土壤中的停留时间，高温热解炭具有更大的比表面积和孔隙度，吸附效果更好。热解炭对 NH_4^+ 的吸附能力优于对 NO_3^- 的吸附能力（陈心想等，2014），这可能源于热解炭的电负性；高温热解得到的热解炭 pH 更高，其表面官能团对土壤中阳离子有更强的吸附能力。热解炭对各种形态的氮素吸附效果不同也与其添加量有关，邢英等（2011）发现当添加2%热解炭时，土壤的 NH_4^+-N 淋溶量增加31.6%，NO_3^--N 淋溶量增加 25.6%；当添加 4%的热解炭时，土壤的 NH_4^+-N 淋溶量增加 28.1%，NO_3^--N 淋溶量增加 4.5%；当添加 10%的热解炭时，土壤的 NH_4^+-N 淋溶量增加 23.5%，NO_3^--N 淋溶量增加 4.2%。但是本研究不能确定热解炭主要吸附了哪种形式的氮素，但 NH_4^+-N 和 NO_3^--N 都是植物营养的主要形式，热解炭对它们的吸附都可起到抑制氮素流失从而促使土壤肥力缓和释放的作用；并且还可影响参与土壤氮循环的微生物。土壤 N_2O 释放主要有两个来源：一是硝化作用的副产物，二是反硝化作用。缺氧条件下后者是土壤产生 N_2O 的主要途径。热解炭能减小土壤容重，提高孔隙度，进而增加氧气在土壤内的扩散，减少土壤的缺氧区域，这样不仅能抑制反硝化，也降低硝化过程中 NO_2^- 在缺氧条件下发生歧化反应生成 N_2O 的概率。

7.3.3　温室气体排放量与土壤理化性质的相关性

热解炭对土壤的影响可以归因于多因素相互作用，表 7-3 为 BC800℃-0.5%试验组土壤各监测指标的 Spearman 相关系数矩阵。从表 7-3 可以看出，土壤 pH 显著正相关于土壤 CEC（$r = 0.739$），显著负相关于温度、土壤 CO_2 排放通量和 N_2O 排放通量（$r = -0.689$、$r = -0.812$ 和 $r = -0.812$）。土壤 pH 与 CEC 之间的相关性，可能是部分永久负电荷没有发挥作用，其可以归因于酸化过程中形成的无定形羟基铝掩盖了部分永久电荷（Ulrich，1991），而热解炭的添加大幅降低了交换性铝含量，从而释放出被掩盖的永久负电荷，进而在提高 pH 的同时提高了 CEC。pH 不仅负相关于土壤 N_2O 排放通量，许多研究还表明 pH 显著影响着热解炭的固氮效果，这可能是因为 pH 会直接影响热解炭对相关离子的吸附，如 Chen 等（2013）的研究表明，当原土壤接近中性时才有利于热解炭吸附 NH_3/NH_4^+；当原土壤显酸性时，添加具有碱性的热解炭可以降低土壤的酸度，进而促使铵氮挥发。本研究在培养期间，土壤 pH 取值为 7~8，热解炭添加进土壤有效抑制了土壤 N_2O 排放。当土壤 pH 取值在这个范围内时，反硝化的主要产物是 N_2 而非 N_2O，这个结论与 Daum 和 Schenk（1998）的研究结果一致。

表 7-3　BC800℃-0.5%试验组检测指标的 Spearman 相关系数矩阵

$n=10$	T/℃	pH	CEC /（cmol/kg）	有机质 /（g/kg）	CO_2排放通量 /[mg/（m²·h）]	N_2O排放通量 /[μg/（m²·h）]
T/℃						
pH	−0.689[*]					
CEC/（cmol/kg）	—	0.739[*]				
有机质/（g/kg）	0.794[**]	—	—			

n=10	T/℃	pH	CEC / (cmol/kg)	有机质 / (g/kg)	CO_2排放通量 /[mg/ (m²·h)]	N_2O排放通量 /[μg/ (m²·h)]
CO_2/[mg/ (m²·h)]	0.794**	−0.812**	−0.830**	0.830**		
N_2O/[μg/ (m²·h)]	0.867**	−0.812**	−0.709*	0.806**	0.903**	

注：n 为样本数。

* 在置信度（双侧）为 0.05 时相关性显著。

** 在置信度（双侧）为 0.01 时相关性极显著。

— 无显著相关性。

土壤 CEC 负相关于土壤 CO_2 排放通量和 N_2O 排放通量（$r = -0.830$ 和 $r = -0.709$）。土壤 CEC 这一特性，可以减少硝化作用原料，减少硝化反硝化过程的氮素。硝化反硝化中的氮素减少，使 N_2O 生成量减少，进而可以降低 N_2O 排放通量。

有机质含量正相关于温度、土壤 CO_2 排放通量和 N_2O 排放通量（$r = 0.794$，$r = 0.830$ 和 $r = 0.806$）；土壤 CO_2 排放通量和 N_2O 排放通量均显著正相关于温度（$r = 0.794$ 和 $r = 0.867$）。温度越高，土壤的生物化学过程加强，有机质的降解导致有机质含量减少，同时 CO_2 排放通量和 N_2O 排放通量增加。添加热解炭，可以提高土壤有机质含量和含氮量，如前所述，热解炭具有特殊结构，土壤 CO_2 排放通量和 N_2O 排放通量并未因此而增加，相反，土壤 CO_2 排放通量和 N_2O 排放通量与热解炭添加量呈现出负相关趋势。

由此可见，土壤各理化性质直接影响土壤温室气体排放通量，但是各个理化性质所起的作用不同。就温度来说，其对温室气体排放通量的影响，可以进行这样的排序：CO_2 大于土壤 pH，土壤 pH 大于有机质，有机质大于土壤 CEC。对 N_2O 排放通量的影响，可以进行这样的排序：温度大于土壤 pH，土壤 pH 大于土壤 CEC。

7.4 小　结

热解炭表面含有易降解的有机质，添加热解炭的土壤在培养初期出现 CO_2 排放通量高于对照组的现象。热解炭的生化稳定性及多孔结构，使其自身难以生物降解，同时其能吸附土壤中的有机质和酶，从而抑制土壤有机质的矿化，降低土壤 CO_2 排放量。试验结束时，添加热解炭的土壤 CO_2 排放通量为 $20.22\sim38.64$ mg/ (m²·h)，较对照组降低 13.57%~54.77%；CO_2 排放总量较对照组降低 1.34%~35.96%。热解炭添加量越大，土壤 CO_2 排放通量越早达到峰值，CO_2 排放量减少越显著，添加量为 2%时较 1%降低 13.91%～19.91%，添加量为 1%时较 0.5%降低 10.33%～23.10%。土壤 CO_2 排放量随热解炭热解温度的升高而下降，高温热解炭更有利于减小土壤 CO_2 排放量。

热解炭的稳定性、大的比表面积和多孔结构能降低土壤 N_2O 排放量，试验结束时，添加热解炭的土壤 N_2O 排放通量为 22.19～80.16 μg/（m^2·h），较对照组降低 18.54%～77.45%；N_2O 排放总量较对照组降低 36.70%～71.15%。热解炭添加量越大，土壤 N_2O 排放量减少越显著；热解炭热解温度越高，越有利于减少土壤 N_2O 排放量；高温热解炭（800℃）的不同添加量对土壤 N_2O 排放量的影响相对较小，而低温热解炭（600℃）的不同添加量对土壤 N_2O 排放量的影响相对较大。

热解炭对土壤的影响是多个因素相互作用的结果，土壤理化性质与其温室气体排放存在一定的相关性。土壤 pH 显著正相关于土壤 CEC，显著负相关于温度、土壤 CO_2 排放通量和 N_2O 排放通量。土壤 CEC 负相关于土壤 CO_2 排放通量和 N_2O 排放通量。有机质含量正相关于温度、土壤 CO_2 排放通量和 N_2O 排放通量。土壤 CO_2 排放通量和 N_2O 排放通量显著正相关于温度。

第 8 章 有机垃圾热解炭对土壤微生物群落的影响

8.1 引　言

微生物是土壤营养元素循环过程中的重要参与者（Buckley and Schmidt，2003），它们在很大程度上影响着农作物产出及农业生态系统的可持续发展（Stark et al.，2008）。氮素循环是土壤生态系统中非常重要的生物地球化学循环。许多研究表明，热解炭添加引发的微生物群落结构变化改变了土壤中固氮、硝化以及反硝化过程。

当前对参与氮循环微生物的研究主要集中在功能酶基因上，利用实时荧光定量聚合酶链反应（polymerase chain reaction，PCR）技术对这些基因的丰度或相对丰度进行研究。有关氮循环功能酶的编码基因主要有 NO 还原酶基因（$norB$）、N_2O 还原酶基因（$nosZ$）、氨氧化酶基因（$amoA$）、亚硝酸盐还原酶基因（$nirS$、$nirK$）、固氮酶基因（$nifH$）、硝酸还原酶基因（$narG$）等（Ducey et al.，2013）。Ducey 等（2013）的研究表明，柳枝稷热解炭能提高酸性土壤中 16sRNA 的丰度和 $nifH$、$nirS$、$nirK$ 和 $nosZ$ 的相对丰度。Bai 等（2015）研究发现，木质热解炭对 $nifH$、$nirS$、$nirK$、$nosZ$ 以及 16sRNA 没有显著影响，而 $amoA$ 和 $narG$ 则被抑制，他们认为，热解炭改良土壤中氮素的积累主要源于非生物过程。Prommer 等（2013）的研究表明，热解温度 500℃ 的木质热解炭促进土壤中氨氧化微生物的生长，总硝化率提高 50%以上。Anderson 等（2014）的研究表明，热解炭抑制高铵态氮土壤中 $nirK$ 和 $nosZ$ 的表达，但对土壤中参与氮转化的微生物群落结构没有产生影响。Xu 等（2014）的研究表明，水稻秸秆热解炭改变微生物多样性以及类群的相对丰度，其中古菌 $amoA$ 的表达显著减少。

除功能酶基因外，其他方面的研究也显示热解炭对土壤微生物群落结构的影响。例如，通过高通量测序，Xu 等（2014）发现水稻热解炭能增强酸性土壤中菌群的多样性。在一个两年的田间实验中，Anderson 等（2014）通过 454 平台高通量测序技术，发现辐射松热解炭对果园中的微生物群落无显著影响；但 Anderson 等（2011）的另一项培养研究显示，加入 450℃热解终温下的辐射松热解炭，土壤中

50%的微生物的相对丰度上升，这些微生物包括一些关键的 NO_2^- 氧化菌和 NO_3^- 还原菌，如慢生根瘤菌科（Bradyrhizobiaceae，～8%），生丝微菌科（Hyphomicrobiaceae，～14%），以及其他的一些细菌，如链孢囊菌科（Streptosporangineae，～6%）；部分微生物的相对丰度降低了，如链霉菌科（Streptomycetaceae，～-11%），高温单孢菌（Thermomonosporaceae，～-8%）。微生物群落结构的变化还受到热解炭添加量的影响。例如，Li 等（2016）的研究表明，在稻田土中，当热解炭的添加量达到 2%时，土壤微生物群落结构才出现显著变化。

　　紫色土是我国特有的土壤资源，分布面积有 2000 多万 hm^2。由于其成土快、发育浅、透气性好、矿物营养丰富、酸碱适中，紫色土中的好氧微生物十分活跃，造成有机质的矿化势和矿化率均较高，加之垦殖率高，腐蚀严重，导致有机质和土壤总氮（TN）的含量较低。与此同时，热解炭作为一种有潜力的土壤改良剂被越来越多地运用到农业生产中。前述（第 5 章）研究表明，热解炭能提高旱地有机质含量、降低 CO_2 和 N_2O 排放量，有助于提升土壤的肥力、促进农业增产和减少温室气体排放。热解炭对土壤微生物群落结构和酶活性的影响是有机质含量与土壤 TN 含量增加的一个重要原因（Jin，2010；Lehmann，2011）。

　　为进一步了解热解炭对紫色土的改良机理，本章设置了一项盆栽培养试验，研究有机垃圾热解炭对紫色土 TN 和有机质的影响，同时结合 Miseq 高通量测序平台，研究添加有机垃圾热解炭后紫色土中土壤细菌群落结构及各个类群的相对丰度的变化规律，以期为有机垃圾热解炭改良紫色土提供微生态的研究基础。

8.2　试验检测方法与途径

8.2.1　热解炭渗入土壤生物效应

1. 土壤选取

　　选取的土壤为紫色土，试验用的这些土壤主要采自 29.53°N、106.45°E 地理位置处的农田（重庆市沙坪坝区虎溪镇），从地表及其以下采集土壤（0～15 cm）。采集好土壤以后，将其放置在通风室内，并搁置以风干。待土壤风干以后，将土壤中的草根、树叶以及小石块等清除出去，再将清理出来的土壤碾压成碎末状，然后用筛（8 目）子进行筛选，将筛选得到的土壤装进塑料袋，再进行密封以备试验所用。采集起来以备试验所用的紫色土，其理化性质见表 8-1。

表 8-1　试验用的土壤及热解炭的基本特性

项目	单位	原土	热解炭
pH		7.40	8.52
阳离子交换量（CEC）	cmol/kg	15.33	—
有机质（OM）	g/kg	14.03	257.61
BET比表面积	m^2/g	—	28.421
微孔体积	$10^{-4}cm^3/g$	—	109.48
N	wt%	0.043	2.02
C	wt%	—	57.76
S	wt%	—	0.28
H	wt%	—	1.46
O	wt %	—	12.38
Cl	wt%	—	0.96
O/C		—	0.214
H/C		—	0.025
N/C		—	0.035
NH_4^+-N	mg/kg	3.05	—
NO_3^--N	mg/kg	4.91	—

2. 供试热解炭

热解炭采用前面章节所述方法及原料在 700℃终温下制取的热解炭。其理化性质可通过试验设计进行检测得出。

试验设置：第 5 章已经研究了旱地土热解炭添加量为 0.5%～2%的情况，表明为提高有机质的效果，热解炭添加量不宜太小，宜超过 1%，且添加量越大，有机质的改良效果越好。在徐凡珍等（2014）及 Marks 等（2016）的研究中，往土壤中添加的热解炭达到了相当比例，其在土壤中的占比达到 3%以上，最高达到 10%。因此，本研究设计 4 个处理：对照组，以及添加进土壤不同占比的热解炭，可考虑添加 1%的热解炭、3%的热解炭及 5%的热解炭，作为不同的处理组。将这些不同的处理组可以进行简要的表示，没有添加热解炭的对照组用 0%BC 表示，添加 1%的热解炭的处理组用 1%BC 表示，添加 3%的热解炭的处理组用 3%BC 表示，添加 5%的热解炭的处理组用 5%BC 表示。每个处理设置 3 个重复，考虑取样需要（每盆 1 次，需 9 次），共设置 108 个培养盆。试验装置采用塑料培养盆，口径 160 mm、底径 110 mm、高 140 mm。试验前将热解炭按各处理的设计添加量与土壤均匀混合。各取 1000 g 试样加入培养盆中，并播撒 1 g 黑麦草种子，在自然温度下培养。培养试验于 2014 年 12 月启动，为期 12 个月。在试验过程中，按照试验天气情况以及土壤干湿状况，通过称重法及时往土壤中补入蒸馏水，确保土壤的干湿度保持 60% 的田间含水量。

采取试验用样本：在培养的第 1 个月、第 2 个月、第 3 个月、第 4 个月、第 5 个月、第 6 个月、第 8 个月、第 10 个月以及第 12 个月，分别采取试验用土壤样本，用于铵态氮、硝酸盐氮测试。采取破坏性的办法对每盆土壤进行取样，拔除培养的黑麦草，采取新鲜土壤样本 100g，再放置在温度为 4℃ 的冰箱中保存，对采取的新鲜土壤样本进行测定的时间控制在 3 天以内，主要测定其铵态氮和硝酸盐氮含量。有机质和总氮测试的土样在培养的第 2 个月、第 4 个月、第 6 个月、第 8 个月、第 10 个月、第 12 个月进行采集。每盆取 100 g 土样于室内通风处风干后装袋，以备有机质和总氮含量的测试。用于 DNA 提取的土样在培养的第 2 个月、第 4 个月、第 6 个月、第 8 个月、第 10 个月、第 12 个月进行采集。每盆取 0.5 g 新鲜土壤于 15mL 无菌离心管中，混合均匀后放于 –80℃ 保存，以备 DNA 提取。各处理组每次取样选择 3 盆（共计 12 盆）进行破坏性取样。

8.2.2　重铬酸钾容量检测法

有机质采用重铬酸钾容量法进行测定，具体见 6.2.3 节。土壤 pH 测定方法同 6.2.3 节。

1. 测定铵态氮含量

根据《土壤氨氮、亚硝酸盐氮、硝酸盐氮的测定　氯化钾溶液提取-分光光度法》（HJ 634—2012），用氯化钾溶液提取-分光光度法，对铵态氮进行测定。先称取新鲜土壤样本（40.0g），加入 200 mL 1 mol/L 氯化钾溶液振荡提取 1 h，测定上清液中提取的铵态氮浓度。

2. 测定硝酸盐氮含量

根据《土壤氨氮、亚硝酸盐氮、硝酸盐氮的测定　氯化钾溶液提取-分光光度法》（HJ 634—2012），用氯化钾溶液提取-分光光度法，对硝酸盐氮进行测定。采用与前面测定铵态氮相同的办法提取用于试验的提取液，再用还原柱使提取液在通过过程中得以还原，硝酸盐氮转化为亚硝酸盐氮。此后，亚硝酸盐氮再与磺胺之间发生化学反应以生成重氮盐，重氮盐再与盐酸 N-(1-萘基)-乙二胺偶联，生成红色染料。在 543 nm 波长处由重氮盐与盐酸 N-(1-萘基)-乙二胺偶联生成的红色染料吸收最大，以此测定亚硝酸盐氮、硝酸盐氮总量。与此同时，对没有还原的亚硝酸盐（在提取液中）含量进行测定，硝酸盐氮和亚硝酸盐氮总量减去亚硝酸盐氮含量，得到硝酸盐氮含量。

3. 测定全氮含量

采用《土壤全氮测定法（半微量开氏法）》（GB 7173—1987），对土壤中的全氮含量进行测定。取土壤样品（粒径小于 0.25 mm），注入高锰酸钾溶液，使土壤样品中的亚硝态氮氧通过化学反应转化为硝态氮，再用铁粉将硝态氮还原，生成铵态氮。然后，往土壤样本中加入浓硫酸，再进行消煮。在这个过程中高温分解反应不断发生，使含氮有机物经过分解转化为铵态氮。对获得的铵态氮进行碱化以后，然后蒸馏使氨逸出，再用硼酸进行吸收。在此基础上，用硫酸标准溶液（0.005 mol/L）进行滴定，最后检测出土壤中的全氮含量。

8.2.3 实时荧光定量 PCR 检测技术

PCR 是以一段 DNA 为模板，在 DNA 聚合酶和核苷酸底物共同参与下，将该段 DNA 扩增至足够数量，以便进行结构和功能分析。PCR 检测方法在临床上快速诊断细菌性传染病等方面具有极为重要的意义。PCR 用于扩增位于两段已知序列之间的 DNA 片段，类似于天然 DNA 的复制过程。以拟扩增的 DNA 分子为模板，以一对分别与模板 5′末端和 3′末端互补的寡核苷酸片段为引物，在 DNA 聚合酶的作用下，按照半保留复制的机制沿着模板链延伸，直至完成新的 DNA 合成，重复这一过程，即可使目的 DNA 片段得到扩增。

在试验过程提取土样中的 DNA，进行 PCR 扩增。采取土壤样品（0.25g）用以提取其中的 DNA，具体方法：采用试剂盒（PowerLyzer PowerSoil DNA Isolation kit，MO Bio Laboratories，Inc.，Carlsbad，CA）进行提取，提取的办法按照试剂盒上的说明进行。对土壤中的 DNA 含量进行测定，采用 Nanodrop 2000（Nanodrop Technologies，Wilmington，DE）对 A_{260}/A_{230}、A_{260}/A_{280} 进行测定，进而检测出 DNA 纯度与含量。

PCR 扩增，由在上海美吉生物医药科技有限公司进行并完成。这里所用的引物对为具有条形码的特异引物 806R（5′-GGACTACHVGGGTWTCTAAT-3′）和 338F（5′-ACTCCTACGGGAGGC AGCA-3′），在 Applied Biosystems® GeneAmp® 9700 PCR（Thermo fisher scientific，America）系统上运行扩增程序。在这个过程中，使用高效和高保真的酶：TransGen AP221-02: TransStart Fastpfu DNA Polymerase 进行 PCR 扩增，以确保扩增的准确性与效率。反应条件：在温度为 95℃ 的条件下进行预变性 2 min；在温度为 94℃ 的条件下进行变性 30s，并先后进行 25 个循环；在温度为 55℃ 的条件下进行退火 30s；在温度为 72℃ 的条件下进行延伸 1 min，并进行 35 个循环；在温度为 72℃ 的条件下进行延长 10 min。

按照 3 个重复的要求，对每个样本在正式实验条件下进行 PCR。首先将同一样本得到的 PCR 产物进行混合后，再用琼脂糖凝胶（2%）进行电泳检测。然后，使用 AxyPrepDNA 凝胶回收试剂盒（AXYGEN 公司），切开凝胶以回收 PCR 产物，再通过 Tris-HCl 洗脱，最后用琼脂糖（2%）进行电泳检测。在这个过程中，电泳进行初步定量。参照初步定量的结果，再采用 Promega 公司生产的 QuantiFluor™-ST 蓝色荧光定量系统，定量检测 PCR 产物。然后根据样本测序量要求，按相应比例进行混合，使 PCR 产物与"Y"接头相连，利用 PCR 扩增丰富文库模板，进而对测序文库进行构建，最后在上海美吉生物医药科技有限公司，利用 Illumina Miseq PE300 平台进行 DNA 测序。

8.2.4　Miseq 数据处理

利用 Trimmomatic 和 FLASH 软件平台，对测序（Miseq）数据进行优化。通过测序（Miseq）可以得到双>端数据序列，按照 PEreads 相互间的叠合关系，对测序片段进行拼接，使之成为数据序列。与此同时，运用质控过滤优化测序片段质量，提高拼接效果。通过序列首尾两端的条形码和引物，对样品进行区分，进而得到有效的序列并调整其方向。去除无效数据的方法：设置过滤质控窗口（50 bp），对测序片段尾部的碱基进行过滤。对于窗口内的平均质量数小于 20 的碱基，一旦被检测出来，即从窗口开始将后端的碱基截去。测序 50 bp 以下片段；按照 PEreads 相互间的叠合关系，对测序片段进行拼接，使之成为数据序列，重叠长度最小达到 10 bp，并以 0.2 作为重叠区最大错配比率，进而对不符合的序列进行筛选。通过序列首尾两端的条形码和引物，对样品进行区分并校正序列方向，在这个过程中不容错条形码错配，并以错配数 2 作为引物可允许的错配误差的最大值。

在软件平台 Usearch（version 7.1）上，对优化后的序列进行操作分类单元（operational taxonomic units，OTU）统计，以求得其分布状况。具体方法如下：从已经优化后的序列中将没有重复的序列提取出来，同时将非重复的单序列除去，以尽量使冗余计算量降低。在 97%相似性统计标准的条件下，用 OTU 分布统计对非重复序列进行聚类，并且将聚类过程中产出来的嵌合体（Edgar et al.，2011）除去，以得到按 OTU 分布统计的代表序列。然后，将所有通过优化得到的序列进行归类，一并归到 OTU 代表序列，再按照 97%的相似性要求，选出与 OTU 代表序列具有相似性的序列。在此基础上，形成 OTU 统计表格。

在分析的软件平台（Qiime）和 RDP Classifier 上，运用 Mothur（version v.1.30.1），采取 Shannon 指数和 Simpson 指数进行 α-多样性分析。按照分类学原理进行分析，以获取每个 OUT 对应物种的信息。在 97%的相似度下，运用贝叶斯算法（Bayes algorithm）分析 OTU 代表序列，以获取分类信息。并分别在种、属、科、目、纲、门、界等分类水平上进行统计分析，获取各个样品分类信息，以了解群落组成状况。在此基础上提交测序得到的数据，使这些数据存储在 NCBI 序列读取存档（sequence read archive，SRA）基因数据库（SRP075841）。

8.2.5　检测数据分析

在 $P<0.05$ 的条件下采用单因素方差法，分析计算各处理的平均值，以及最小显著性差异。所有的相关数据，都在 SPSS 20.0 上进行处理。运用 Canoco（version 4.5）软件进行 RDA，CCA 也采用 RDA 相同的软件。RDA 是一种排序方法，将样点投射到两条排序轴构成的二维平面上，通过样点的散集形态、在象限的分布等来反映研究区的特点。主要是通过原始变量与典型变量之间的相关性，分析引起原始变量变异的原因。以原始变量为因变量，典型变量为自变量，建立线性回归模型，则相应的确定系数等于因变量与典型变量间相关系数的平方。它描述由于因变量和典型变量的线性关系引起的因变量变异在因变量总变异中的比例。CCA 是由对应分析发展而来的一种排序方法，将对应分析与多元回归分析相结合，每一步计算均与环境因子进行回归，又称多元直接梯度分析。其基本思路是在对应分析的迭代过程中，将每次得到的样方排序坐标值均与环境因子进行多元线性回归。CCA 要求两个数据矩阵：一个是植被数据矩阵，另一个是环境数据矩阵。首先计算出一组样方排序值和种类排序值（同对应分析），然后将样方排序值与环境因子用回归分析方法结合起来，这样得到的样方排序值既反映样方种类组成及生态重要值对群落的作用，同时反映环境因子的影响，再用样方排序值加权平均求种类排序值，使种类排序值也间接地与环境因子相联系。其算法可由 Canoco 软件快速实现。另外，在 Excel 2013 上处理部分数据，采用软件 HemI 1.0 进行绘制，采用软件 Origin 9.0 绘制其他图。

8.3　检测结果分析

8.3.1　有机垃圾热解炭对紫色土有机质的影响

热解炭对紫色土有机质含量的影响见图 8-1。从图 8-1 可以看出，热解炭刚添加到土壤中（与土壤混合之初），1%、3%和 5%的热解炭添加量分别将紫色土的有机质含量从 14.03 g/kg 提高至 17.79 g/kg、20.29 g/kg、25.64 g/kg，分别提高 26.8%、44.6%和 82.8%。紫色土有机质含量在前两个月波动较大，后期波动不大。从培养的情况来看，在第 2 个月时没有添加热解炭的土壤有机质含量，与初始相比较提高 0.90 g/kg。与此同时，添加 1%热解炭的土壤，其有机质含量比初始下降 2.38 g/kg；添加 3%热解炭的土壤，其有机质含量比初始下降 2.17 g/kg；添加 5%热解炭的土壤，其有机质含量比初始下降 5.35 g/kg。这种状况可以归结为湿润风干的土壤使微生物快速生长所致，还可以归结为植物根系随着时间推移而不断生长所致。进入土壤中的有机质一般以 3 种类型状态存在：进入土壤中尚未被微生物分解的新鲜的有机物、经微生物分解形成的有机物和新合成的简单有机化合物、经过微生物分解并再合成的腐殖质。就对照组来说，在培养初期其有机质含量较低，湿润土壤可以为微生物繁殖创造良好条件。这样，大量微生物繁殖后可以实现转化反应，使土壤中的营养物质（包括有机物）得以进行转化，进而生成腐殖质和有机细胞体，从而使土壤中的有机质含量得以不断增加。在这个过程中，尽管有机质矿化速率同样会提高，其生成速率却高于矿化速率，因而从整个情况来看，有机质含量得到提高。Fierer 等（2003）对此进行了比较深入的研究，结果同样表明，通过湿润干燥的土壤，土壤呼吸速率比之前得到提高，提高的比例为 370%～475%，虽然在这个时候 CO_2 排放出现高峰，但是土壤湿润使其微生物含量得以快速提高，检测结果发现有机质含量提高到初始的 200%。如前述研究中添加热解炭的旱地土一样，紫色土添加热解炭后，在培养初期微生物分解热解炭中易降解的有机质，表现为土壤中的有机质矿化速率较快，其速率大于有机质生成速率，因此从土壤有机质含量来看，表现为有机质总体水平呈现下降趋势。

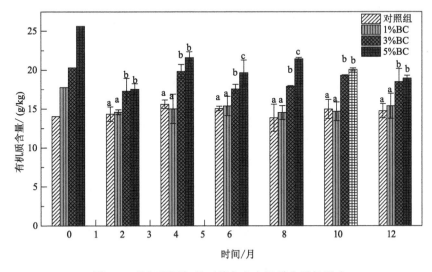

图 8-1　热解炭添加量对紫色土有机质含量的影响

从图 8-1 可以看出，紫色土添加热解炭后，其有机质含量提高了。培养期间，3%BC 和 5%BC 的有机质含量显著比 0%BC 高，分别提高 1.72～4.32 g/kg、

3.21～7.58 g/kg。在添加热解炭进行 12 个月的培养后，对 3%BC 来说，其有机质含量比对照组提高 25.4%（3.74 g/kg）；对 5%BC 来说，其有机质含量比对照组提高 28.5%（4.19 g/kg）；对 1%BC 来说，其有机质含量比对照组无显著性提高。在进行 12 个月的培养后，各组有机质含量由高到低分别为 5%BC、3%BC、1%BC，而对照组与 1%BC 的有机质含量相当。关于添加相对高比例热解炭进土壤后，如 3%BC、5%BC 等，土壤的有机质含量基本上一直比对照组高，其原因可以归结为两方面：一方面，将热解炭添加进土壤后，热解炭本身带有的有机质进入土壤，其中有一部分难以被降解，因而直接提高有机质水平。因为试验的热解炭是在中温为 700℃时制取的，具有很强的方向性，同时具有相当低的 H/C。在中温为 700℃条件下，制取的热解炭其表面的官能团主要是芳香族、脂肪族、甲基、芳环＝C—H、亚甲基官能团等，这些官能团均不易因化学作用分解，也难以被微生物分解。另一方面，将热解炭添加进土壤，可以使形成 SOM 的速率得到提高。同时，使有机质矿化速率得以降低，从而使土壤中 SOM 的总体含量得到提高。有机垃圾热解炭在添加进土壤以后对土壤进行检测的结果是，在第 10 周以后土壤 CO_2 排放通量出现下降。相关研究也表明，水洗后的玉米秸秆制取的热解炭添加进土壤以后，能够使土壤中 SOM 的含量得到增加，但是不会使 CO_2 释放量得到增加（陆海楠等，2013）。Stewart 等（2013）利用同位素对这些问题进行的研究也表明，当热解炭添加进土壤以后，从第 6 个月开始土壤中原有的有机质，一部分被热解炭替代并作为生物作用的碳源，在这个替代效应下土壤原有有机质的矿化得到抑制。

8.3.2　有机垃圾热解炭对紫色土铵态氮含量的影响

热解炭对紫色土铵态氮含量的影响见图 8-2。从图 8-2 可以看出，添加热解炭后，紫色土铵态氮含量总体增大。热解炭刚添加到土壤中，1%、3%和5%的热解炭添加量分别将紫色土的铵态氮含量提高至 3.13 g/kg、3.21 g/kg 和 3.58 mg/kg，分别提高 2.6%、5.3%和 17.5%。在培养过程中，第 1 个月 5%BC 的铵态氮含量出现所有试验组试验过程中的最高含量（3.42 mg/kg）。相比于对照组，热解炭添加为 1%BC、3%BC 和 5%BC 的土壤铵态氮含量最大提高 1.00 mg/kg、1.20 mg/kg 和 1.11 mg/kg，提高比例分别为 41.4%、137.6%和 127.3%。随培养时间的进行，紫色土铵态氮含量总体呈现先降低，再升高，而后再下降的趋势。从试验开始至第 6 个月，所有处理的土壤铵态氮含量呈缓慢下降的趋势；之后至第 10 个月，所有处理的土壤铵态氮含量逐渐增大，有的在第 10 个月达到其在第 1 个月的含

量，有的还超过了它们在第 1 个月的含量，但在第 12 个月时都出现明显下降，达
到 0.60 mg/kg 以下。与对照组相比，至培养结束时，热解炭添加为 1%BC、3%BC
和 5%BC 的土壤铵态氮含量分别提高 0.29 mg/kg、0.39 mg/kg 和 0.38 mg/kg，比例
分别提高 150.3%、195.4%和 194.1%。总体上，3%和 5%的热解炭添加量对紫色
土铵态氮提升有较好的效果。

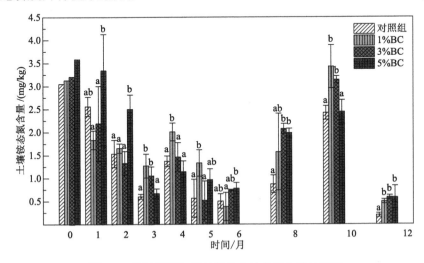

图 8-2　热解炭添加量对紫色土铵态氮含量的影响

8.3.3　有机垃圾热解炭对紫色土硝酸盐氮含量的影响

热解炭对紫色土硝酸盐氮含量的影响见图 8-3。从图 8-3 可以看出，热解炭
刚添加到土壤中，对紫色土硝酸盐氮含量并没有产生显著的影响。在前 2 个月内
对照组的硝酸盐氮量出现迅速下降趋势，且与初始时相比较在第 1 个月已经由
4.91 mg/kg 下降到 1.85 mg/kg，总体上减少了 66.4%。而在第 2~第 8 个月，对
照组的硝酸盐氮含量持续保持在 0.2 mg/kg 水平以下。但相比较第 2~第 8 个
月，在第 10 个月和第 12 个月硝酸盐氮含量得以提高，其中，第 10 月达到
1.04 mg/kg，第 12 月有所下降后也达到 0.71 mg/kg。在培养过程中可以看到，与
对照组相比较，1%BC 的处理组中的硝酸盐氮含量没有出现大的变化。在第 1 个
月、第 2 个月、第 8 个月，3%BC 明显比对照组高，其中，在第 1 个月提高量达
到 2.85 mg/kg，在第 2 个月提高量达到 1.74 mg/kg，在第 8 个月提高量达到
2.01 mg/kg。与对照组相比较，在第 4 个月和第 8 个月 5%BC 明显出现高出的状
态，其中，在第 4 个月提高了 1.49 mg/kg，在第 8 个月提高 3.47 mg/kg。当培养
继续进行时，之后的第 10~第 12 个月，各处理间硝酸盐氮含量没有出现显著性

的差异。硝酸盐氮含量可能受到多方面的影响，既受到硝化作用的影响，又受到反硝化作用的影响，同时受到植物吸收的影响，以及外排流出等的影响。由于该研究的试验过程中各处理组没有流出水分，因此外排流出的影响可以排除。从图8-3可以看出，紫色土在热解炭添加初始时刻，其硝酸盐氮含量增加较少，因此由热解炭直接带入土壤中的硝酸盐氮的量较少。

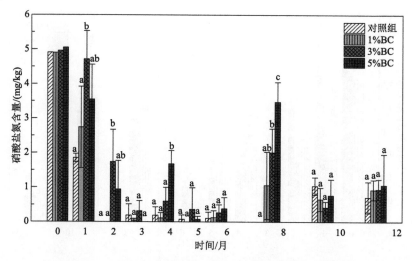

图 8-3　不同添加量的热解炭对紫色土硝酸盐氮含量的影响

随着时间推移，土壤硝酸盐氮含量会发生变动，这应该与气温变化引起的硝化作用变化相关，也与黑麦草吸收硝酸盐氮的能力有关。在试验过程中可以看到，黑麦草生长期主要是前 7 个月，在这段时间大量的硝酸盐氮被生长着的黑麦草吸收，导致土壤中硝酸盐氮含量下降。在 7 个月后，相对而言已经过了快速生长期的黑麦草，不再需要吸收过多的硝酸盐氮，因而对硝酸盐氮的吸收出现明显减少趋势。但是由于 7 月、8 月天气比较炎热，在温度相对较高的条件下微生物明显较为活跃，这显然对硝化作用更为有利，进而可以通过硝化作用累积起硝酸盐氮，这能够解释 8 月硝酸盐氮含量较高的状况。李雪梅和张利红（1999）也对此进行了相关研究，结果表明，在 7 月、8 月播种禾本科羊草的草地，其土壤硝酸盐氮含量达到最高值。之后的 10 月、12 月，由于天气变化各处理的硝酸盐氮含量相对出现下降，这可以归因于温度降低抑制微生物的生长，同时减弱微生物的活性。此外，黑麦草的吸收作用使得土壤中铵氮含量下降，减少硝化作用需要的底物，从而弱化硝化作用，这进一步降低硝酸盐氮含量。

8.3.4　有机垃圾热解炭对紫色土总氮含量的影响

热解炭对紫色土总氮含量的影响见图 8-4。从图 8-4 可以看出，添加热解炭后，紫色土总氮含量增加，且随添加量的增加而增加。供试紫色土的初始总氮含量为 430 mg/kg。在试验期间，3%BC 和 5%BC 的总氮含量较对照组分别提高 184～367 mg/kg 和 250～580 mg/kg，至试验结束时，总氮含量分别提高 266 mg/kg 和 259 mg/kg，提高比例分别为 60.4%和 58.6%。1%BC 只在第 2 个月和第 4 个月与对照组存在显著差异，总氮含量分别提高了 130 mg/kg 和 70 mg/kg。与对照组相比较，3%BC 和 5%BC 的土壤总氮含量持续保持高位，其主要有几方面的原因：一是热解炭本身就带有一定的氮素，当热解炭添加进土壤以后，这些氮素带进土壤，促进土壤总氮含量的提高。此外，由于热解炭含有大量芳香性氮，而微生物难以对芳香性氮加以利用，从而使热解炭自带的芳香性氮能够在土壤中长期保存，进而使总氮含量提高。二是热解炭添加进土壤以后，有利于形成有机氮，同时还可以抑制有机氮的矿化、水解、氨化，这两个不同方面的作用可以有效地提高总氮含量。关于这点，在之前的研究中也做过阐释。三是热解炭降低 NO_x 的形成与损失，特别是 N_2O 的排放。Zhang 等（2010）、Case 等（2012）、Kammann 等（2012）的相关研究表明，有机垃圾热解炭能够使土壤 N_2O 的排放量有效降低。

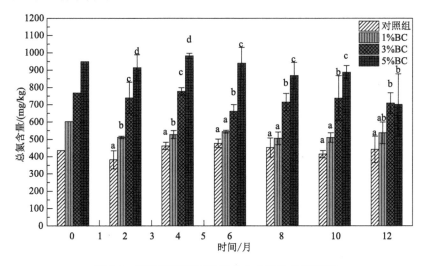

图 8-4　热解炭添加量对紫色土总氮含量的影响

随培养时间的延长，紫色土总氮含量总体呈现先降低，再升高，而后再逐渐下降的趋势。培养至第 2 个月时，所有处理的总氮含量都出现下降。之后总氮含量变化的趋势：第 2～第 4 个月呈现出渐次上升趋势，总氮含量达到最高值的时间是第 4 个月，在这个时间各个处理的土壤总氮含量虽然达到最大值，但是具有不同含量。其中，对照组的土壤总氮含量达到 482 mg/kg，1%BC 的土壤总氮含量达到 576 mg/kg，3%BC 的土壤总氮含量达到 775 mg/kg，5%BC 的土壤总氮含量达到 976 mg/kg。这以后的月份，各处理的土壤总氮含量变化趋势则呈现出下降态势。

第9章 有机垃圾热解炭对细菌群落结构的影响

9.1 引　言

采用 MiSeq 测序，并优化进行处理。在 97% 的相似度下，OUT 归类了优化序列，并形成 OUT 数列（表 9-1）。表 9-1 也体现出 α-多样性的微生物性指数。在不同的处理中，对微生物 α-多样性进行评估时，选用不同的指标进行评估，可以得出不同的 α-多样性。一般情况下多采用 Shannon 指数和 Simpson 指数，其中，Shannon 指数用于表征物种多样性，Simpson 指数用于表征物种均匀度。从表 9-1 可以看出，试验期间，3%BC 和 5%BC 的 Shannon 指数都显著比对照组低，且 5%BC 低于 3%BC；1%BC 的 Shannon 指数只在第 2 个月比对照组低。试验期间，3%BC 和 5%BC 的 Simpson 指数比对照组高，且 5%BC 高于 3%BC；1%BC 的 Simpson 指数与对照组相比，出现高低不一的状况。

表 9-1　细菌的 α-多样性指数

样本编号	OUT数	Shannon 指数	Simpson 指数（10^{-4}）	样本编号	OUT数	Shannon 指数	Simpson 指数（10^{-4}）
2-0%	1005	6.21±0.022a	36±1.47a	8-0%	1537	6.56±0.018b	27±1.01a
2-1%	990	6.1±0.023b	44±2.01a	8-1%	1584	6.6±0.017a	25±0.83a
2-3%	1017	6.09±0.025b	57±3.60b	8-3%	1493	6.47±0.02c	30±1.18a
2-5%	1001	5.69±0.032c	149±9.37c	8-5%	1315	5.58±0.025d	169±7.86b
4-0%	988	6.13±0.022b	41±1.79b	10-0%	1654	6.54±0.018b	28±1.09b
4-1%	982	6.29±0.024a	30±1.49a	10-1%	1528	6.62±0.018a	24±7.6a
4-3%	862	5.9±0.035c	63±4.92c	10-3%	1429	6.17±0.018c	43±1.17c
4-5%	882	5.65±0.033d	103±6.42d	10-5%	1504	6.07±0.02d	69±2.65d
6-0%	966	6.11±0.022a	40±1.46a	12-0%	1607	6.57±0.017b	26±3.48b
6-1%	955	6.11±0.027a	45±2.83a	12-1%	1582	6.6±0.017a	24±6.97a
6-3%	967	5.88±0.025b	60±2.65b	12-3%	1485	6.26±0.016c	36±1.63c
6-5%	842	5.18±0.032c	194±9.41c	12-5%	1381	6.18±0.019d	42±8.99d

注：相同小写字母表示处理在 $P<0.05$ 水平上无显著性差异。
样本编号用取样时间（月）-热解炭添加量（%）表示。

表 9-1 表明，在采用 Shannon 指数或者 Simpson 指数的情况下，评估土壤中的微生物 α-多样性，均可以发现 3%BC、5%BC 的微生物 α-多样性都比对照组低，同时 5%BC 又低于 3%BC，而 1%BC 却几乎没有降低土壤细菌的 α-多样

性。这表明添加热解炭会降低紫色土细菌的 α-多样性，且降低量随着添加量的上升而增加。陈俊辉（2013）对此进行了相关研究，结果表明，秸秆热解炭添加进水稻田中的土壤后，细菌的多样性得以提高。本研究将热解炭添加进土壤并对土壤进行改良试验，发现细菌 α-多样性得以降低，其可以归因于将热解炭添加进土壤以后，细菌的生长状况得以改变。在 R^2=0.6147 和 P<0.01 的情况下，图 9-1 回归分析说明，采用 Simpson 指数进行评估，细菌的多样性指数符合指数分布，并可以发现细菌种类均匀度与 C/N 负相关。影响微生物群落结构的主要因素为土壤养分组成，微生物生长与土壤中 C/N 负相关，但细菌的生长与土壤中 C/N 正相关（Swift et al., 1979）。在 C/N 较低的情况下，有利细菌生长的营养成分丰富，弱化了细菌种群相互之间的竞争，促使各类细菌相对均衡地生长，进而使各类细菌的均匀度得到提升。热解炭的添加降低土壤 C/N，从而提升细菌的均匀度。此外，对微生物群落结构的评价还受到不同类群微生物 DNA 提取效率差异的影响（王娟，2015）。Samonin 和 Elikova（2004）的相关研究表明，细菌的生长与热解炭的孔径结构相关，当孔径达到 2～5 倍的细菌细胞的直径时，细菌倾向于附着在热解炭上生长。当热解炭孔径结构相对较大时，一些细菌能够顺利进入热解炭的微孔中，因而无法提取其 DNA，从而也就降低了测试细菌的多样性。

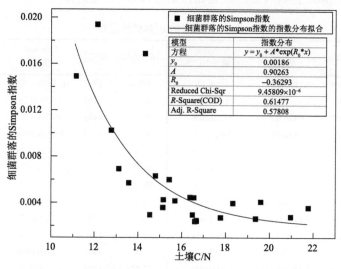

图 9-1　土壤细菌 Simpson 指数与土壤 C/N 的回归分析

　　通过对各样品的菌属组成进行 PCA，可以反映样品间的差异和距离，样品组成越相似，在 PCA 图中的距离越近。PCA 结果（图 9-2）显示，24 个土壤样本中，对照组与 1%BC 的细菌群落组成相似，3%BC 与 5%BC 的细菌群落组成相似。同时，试验前半年土壤样本中的细菌群落组成分布与后半年不同。

(a)按相同取样时间分组

(b)按相同处理分组

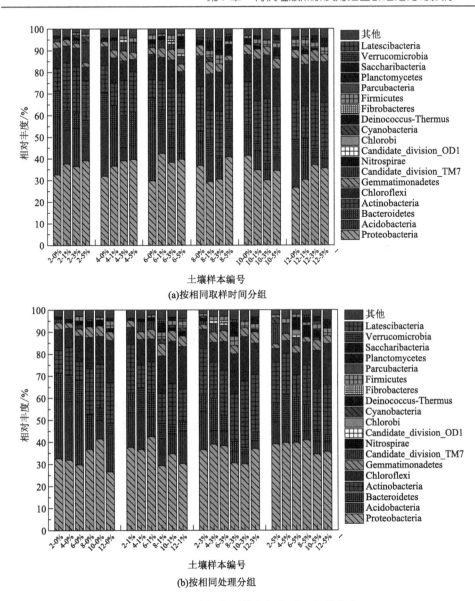

图 9-2　土壤细菌群落在门水平上的分布

图 9-2 中只表示出相对丰度大于 1%的门，“其他”为不能鉴定的序列以及相对丰度低于 1%的门

9.2　有机垃圾热解炭对微生物多样性的影响

9.2.1　细菌在门水平上相对丰度

在土壤 24 个样本中，从门的水平上鉴定出细菌 42 门。其主要为酸杆菌门

（Acidobacteria）、放线菌门（Actinobacteria）、拟杆菌门（Bacteroidetes）、绿弯菌门（Chloroflexi）、芽单胞菌门（Gemmatimonadetes）及变形菌门（Proteobacteria）等。与所有序列相比，其总的相对丰度为83.7%～94.3%（图9-2）。

在门的水平上，最主要的菌为变形菌，在不同编号的土壤样本中其相对丰度各不同。其中，编号为6-0%的相对丰度达到29.9%，编号为8-1%的相对丰度达到29.5%，编号为12-0%的相对丰度达到26.6%，编号为6-1%的相对丰度达到42.6%，此为最高相对丰度，其他编号的相对丰度也均达到30.0%以上。在3个试验组中，变形菌门在第2、第4、第6和第12月时，与对照组相比其相对丰度都比较高，最多增加了12.7个百分点。总体来说，3%BC和5%BC的放线菌门相对丰度比对照组高，其中，3%BC提高0.8%～11.6%，5%BC提高1.4%～7.9%。相比于对照组，1%BC仅在第2个月和第6个月得以提高，其中，第2个月提高11.6%，第6个月提高5.2%，但在其他月份则出现降低，其幅度为0.22%～7.3%。Khodadad等（2011）对此进行了相关研究，其结果与本研究一致，表明当土壤中含有更为丰富的热解炭时，放线菌门相对比较富集。在一定程度上变形菌门会影响反硝化作用，其中，质膜硝酸盐还原酶（nitrate reductase，Nar）可通过 δ-变形菌纲携带，也可以通过放线菌门、厚壁菌门携带，而携带周质硝酸还原酶（periplasmic-bound nitrate reductases，Nap）的唯一菌门（Richardson et al.，2001）为变形菌门。Bru等（2007）的相关研究表明，在大部分土壤中Nap与Nar起着互补或相似作用。在热解炭对土壤进行改良的过程中，这些菌门相对丰度与土壤中 narG 和 napA 的相对丰度呈现出正相关态势。然而，Bai等（2015）的相关研究表明，木质热解炭会使酸性土壤中 narG 的丰度得以降低，这可用他们研究中使用的土壤样本和热解炭等与本研究不同来进行解释。

在培养过程中，3%BC和5%BC的酸杆菌门的相对丰度比对照组低，其中，3%BC的酸杆菌门的相对丰度降低3.7%～22.0%，5%BC的酸杆菌门的相对丰度降低2.9%～25.9%。除第8个月和第10个月外，相比于对照组，1%BC的土壤其酸杆菌门的相对丰度较低。Zhang等（2014）的相关研究表明，作为贫营养细菌酸杆菌门，其丰度与农业土壤营养丰富度负相关。在本研究中，热解炭添加进土壤以后，土壤的有机质含量得以明显提高。Galvez等（2012）、Ghosh等（2012）对此进行了相关的研究，结果也表明，热解炭能够使土壤肥力得以提高，而对贫营养的酸杆菌门来说，必然会降低其相对丰度。在1%BC和3%BC的条件下，相当一部分拟杆菌门的相对丰度都比对照组低，分别降低0.7%～2.8%和0.1%～4.3%。与对照组相比较，5%BC的拟杆菌门在第2个月、第10个月、第12个月相对丰度降低1.0%～3.0%，而在第4个月、第6个月、第8个月其相对丰度却有 3.7%～8.3%的提高。

在前 8 个月的培养中，检测发现，不仅相比于对照组土壤中的芽单胞菌门，而且即使相比于 1%BC 土壤中的芽单胞菌门，5%BC 土壤中芽单胞菌门相对丰度都相对较低。Debruyn 等（2011）对此进行了相关研究，结果表明，芽单胞菌门喜燥厌湿，不适宜在湿润的土壤中生长。试验期间发现，在每次往土壤中加入蒸馏水时，要恢复土壤含水量达到田间的 60%，对照组、1%BC 需要加入更多。这种情况表明，对照组、1%BC 的土壤水分更易散失，因而干燥速度相对较快。也正因此，对更适宜干燥环境的芽单胞菌门来说，在对照组、1%BC 中相对丰度更高。5%BC 的绿弯菌门相对丰度比对照组低，而 1%BC 和 3%BC 的影响也存在差异性。在试验中硝化螺旋菌门（Nitrospirae）被检测出来，主要在对照组、1%BC 的土壤样本中，同时还在 3%BC 土壤的部分样本中检测出硝化螺旋菌门。在这些土壤样本中硝化螺旋菌门达到 1.0%～2.5%的相对丰度，在编号为 10-0%的样本中出现 2.7%的最高丰度。此外，硝化螺旋菌门没有在 5%BC 的土壤中被发现。

9.2.2　细菌在纲水平上的相对丰度

在试验用的 24 个土壤样本中，95 个菌纲被鉴定出来，鉴定还检测出有 40 个菌纲达到了 1% 及 1%以上的相对丰度。其中，绿弯菌门的厌氧绳菌纲（Anaerolineae）、放线菌门的放线菌纲（Actinobacteria）、酸杆菌门的酸杆菌纲（Acidobacteria）、芽单胞菌门的芽单胞菌纲（Gemmatimonadetes）、拟杆菌门的纤维粘网菌纲（Cytophagia）和变形菌门的 α-变形菌纲、β-变形菌纲、γ-变形菌纲和 δ-变形菌纲（Alphaproteobacteria、Betaproteobacteria、Gammaproteobacteria、Deltaproteobacteria）等菌纲，这 9 个菌纲的相对丰度最高。在土壤样本中还鉴定出硝化螺旋菌纲（Nitrospira），这是被鉴定出来的硝化螺旋菌门中唯一的菌纲。各纲的相对丰度见图 9-3。

在酸杆菌门中，其最主要的菌纲为酸杆菌纲。对于酸杆菌纲相对丰度，总的变化趋势与其菌门类似。在前 6 个月的培养试验过程中，可以在对照组的土壤中检测出非常丰富（相对丰度约为 25%）的酸酐菌纲，而 1%BC 的相对丰度降至10%～15%，3%BC 和 5%BC 则降至 10%以下。随培养时间的延长，对照组的酸杆菌纲相对丰度降低。相比较之前的 6 个月，6 个月后对照组的酸杆菌纲相对丰度出现 10 个百分点左右的降低幅度。然而在与对照组比较中还可以发现，随着时间的变化，1%BC、3%BC 和 5%BC 的处理中，酸杆菌纲相对丰度变化较小。试验还发现，随着土壤中热解炭添加量的提高，以及试验培养时间延长，酸杆菌纲的相对丰度出现了降低的趋势。

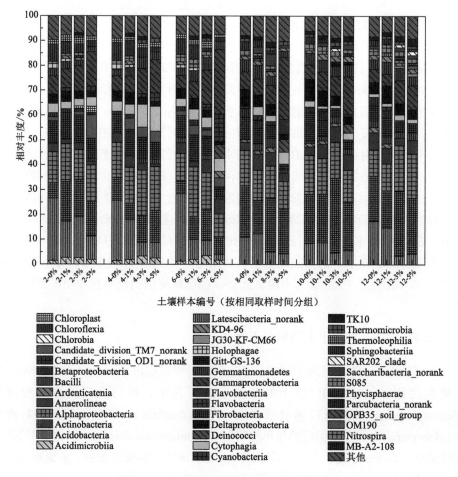

图 9-3　土壤细菌群落在纲水平上的分布

放线菌纲与酸杆菌纲不同，随试验时间延长其相对丰度发生较为明显的变化，在试验的前 6 个月可以达到 4.9%～15.9%的相对丰度，较后 6 个月的13.5%～30.1%低。并且与对照组土壤的相对丰度比较，5%BC 土壤具有较高的相对丰度。在拟杆菌门的菌纲中，纤维粘网菌纲的相对丰度随时间的延长而降低，总体上达到了 0%～10%的相对丰度。与对照组比较，5%BC 土壤中的纤维粘网菌纲具有较高的相对丰度。鞘脂杆菌纲的相对丰度与土壤中热解炭添加量负相关，不论是与对照组相比较，还是与热解炭添加量较低的 1%BC 相比较，3%BC、5%BC 都具有明显较低的相对丰度。随培养时间的延长，各处理中的鞘脂杆菌纲相对丰度逐渐降低。

在前 4 个月的培养试验中，检测发现厌氧绳菌纲的相对丰度与热解炭添加量负相关，随着热解炭添加量增加相对丰度出现高达 3/4 的降低。但是在试验的后半阶段中，其相对丰度变化对热解炭添加量的增加不敏感。对于不同添加量的热解炭的土壤，芽单胞菌纲可以达到 2.0%～5.7% 的相对丰度，而且具有不同添加量热解炭的土壤相对丰度变化不同。对对照组、1%BC 的试验样本来说，呈现出前低后高的趋势，前 6 个月的相对丰度低于后 6 个月；对 3%BC、5%BC 的试验样本来说，随着培养时间的变化其相对丰度出现较大波动。但总体上可以发现，相对而言，与其他添加量的土壤的芽单胞菌纲相比，1%BC、3%BC 具有相对较高的相对丰度。

α-变形菌纲、β-变形菌纲、γ-变形菌纲、δ-变形菌纲对热解炭的敏感度不一，因而其相对丰度具有不同的影响表现。这 4 个纲中，α-变形菌纲拥有最高的相对丰度，几乎在所有土壤样本中都高于 10%，大部分为 10%～20%，热解炭添加对其丰度的影响在各个取样时间表现不同。β-变形菌纲、γ-变形菌纲、δ-变形菌纲的情况则与 α-变形菌纲不一致：在前 4 个月的试验中，β-变形菌纲对热解炭的影响不敏感，但是在试验的后半段，显示出在添加热解炭相对较高的土壤中，β-变形菌纲具有较低的相对丰度。γ-变形菌纲对热解炭施用最为敏感，受到的影响也最大。在试验过程中发现随着热解炭添加量加大，γ-变形菌纲相对丰度得到大幅度提高。在试验中发现相比较于对照组，γ-变形菌纲在 5%BC 的土壤中，其相对丰度提高 1 倍以上。在试验的第 6 个月、第 8 个月，γ-变形菌纲的相对丰度出现高达 4～5 倍的提高。在各处理中 γ-变形菌纲呈现出热解炭添加越多，其相对丰度越大的趋势，即 5%BC 大于 3%BC、3%BC 大于 1%BC、1%BC 大于或等于对照组。在试验过程中，添加热解炭相对越多的土壤，其 δ-变形菌纲的丰度都相对较低，即 5%BC 小于 3%BC、3%BC 小于 1%BC、1%BC 小于或等于对照组。在本研究中检测发现，对硝化螺旋菌纲来说，其具有较低的相对丰度。在编号为 4-0% 中出现 2.7% 的最高相对丰度，而且 5%BC 的相对丰度均低于对照组、1%BC、3BC%，体现为添加热解炭越多相对丰度越低。硝化螺旋菌纲会明显影响到氮循环。Teske 等（1994）对此进行了相关研究，结果表明，氨氧化细菌、硝化细菌大多是变形菌门的菌株。张丽娜（2005）通过 16SrDNA 分析，对氨氧化细菌在非海洋生态环境中进行分离，发现其有着单一的进化起源：β-变形菌纲是其具体来源。与亚硝酸盐氧化、氨氧化密切相关的硝化螺旋菌纲、β-变形菌纲，在 5%BC 的土壤中出现相对丰度降低的现象。这种情况表明，硝化螺旋菌纲、β-变形菌纲相对丰度与热解炭添加量负相关，热解炭可能会抑制硝化作用。细菌指标、理化指标具有相一致性的变化，本研究监测土壤理化数据的结果表明，对于土壤硝酸盐氮含量的影响，5%BC 相比较于 3%BC 效果较差，因而可以就细菌指标状况做出类似结论。陈俊辉（2013）进行了相应的试验，结果发现，对于不同的土壤试验得到的结果并不相同，即使采用相同的热解炭及其添加量，在不同地域施加热解炭，可能对其相对丰度影响也不同。例如，在四川广安按照 40t/hm² 施用秸秆热解炭，β-变形菌纲的相对丰度出现下降现象；但在江西进贤用同种同量热解炭，β-变形菌纲、硝化螺旋菌纲的相对丰度却得以提高。

9.2.3 细菌在属水平上的相对丰度

在试验用的 24 个土壤样本中，有 642 个菌属被鉴定出来，鉴定还检测出有 105 个菌属达到了 1%及 1%以上的相对丰度。主要菌属的相对丰度如图 9-4 所示。

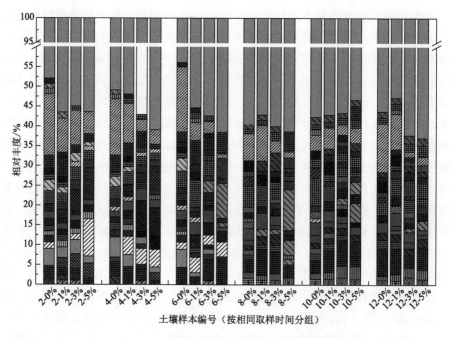

图 9-4 土壤细菌群落在属水平上的分布

从图 9-4 可以看出，对照组的 *Subgroup_6_norank* 菌属的相对丰度明显比试验组高，比 5%BC 高约 10%（除第 10 个月外）。与此同时，与 1%BC 相比较，3%BC、5%BC 的相对丰度呈现出较低的状况。在试验组中同一纲的 *Blastocatella* 只在试验的前半段时间出现过，而且呈现出相对丰度下降的现象。*Subgroup_7_norank* 菌属为全噬菌纲，只出现在对照组和 1%BC 中，相对丰度为 1.0%~1.5%。

大理石雕菌属（*Marmoricola*）属于放线菌纲，在对照组的土壤中基本没有出现，但在 3%BC、5%BC 的土壤中其相对丰度达到 1%~2.5%。亚硝化单胞菌科 *Nitrosom onadaceae_uncultured* 菌属归属于 *β*-变形菌纲，在不同处理中有着较大变化，可以达到 1.33%~7.04%的相对丰度。而且与对照组相比较，3%BC、5%BC 的土壤中的 *Nitrosom onadaceae_ uncultured* 菌属具有较低的相对丰度。而 γ-变形菌纲的溶杆菌属（*Lysobacter*）的情况则相反，其在 3%BC 和 5%BC 中的相对丰度比对照组高，且该菌属在试验的后半年中几乎没有出现。

Anaerolineaceae_uncultured 菌属归属于厌氧绳菌纲。在试验的前 4 个月，与对照组相比较，在 3%BC、5%BC 的土壤中的 *Anaerolineaceae_ uncultured* 菌属具有相对较低的丰度，之后这种状况消失。这种情况可以归因于在试验前期，土壤样本在热解炭作用下具有良好的透气性，因而会抑制厌氧细菌的生长。Felber 等（2014）对此进行了相关研究，结果表明，向土壤加入热解炭后，在试验的前 3 个月，土壤的容重出现明显降低现象，这便于空气在土壤中流通，因而会抑制厌氧细菌生长。在 5%BC 中没有检测到绿弯菌纲的玫瑰弯菌属（*Roseiflexus*），但是在对照组、1%BC、3%BC 中其都有出现。此外，相应的检测还发现，与对照组、1%BC、3%BC 相比较，在 5%BC 中检测出芽单胞菌纲 *Gemmatimonadaceae_ uncultured* 菌属具有相对较低的丰度。

硝化螺旋菌属（*Nitrospira*）是硝化螺旋菌纲中唯一明确鉴定出来的属，同时该菌属只出现在对照组中的第 8 个月、第 10 个月和第 12 个月，1%BC 组中的第 10 个月、第 12 个月以及 3%BC 组中的第 12 个月，而 5%BC 组中则没有鉴定出该属。亚硝酸氧化菌（*Nitrite-oxidizing bacteria*，NOB）是土壤生态系统中种类最多的细菌之一，各种生态系统中也发现了硝化螺旋菌属（Daims et al.，2015）。硝化螺旋菌属这种好氧型化能自养菌，没有出现在通气性好的 5%BC 中。Anderson 等（2014）对此进行了相关研究，按照 30t/hm^2 的添加量将热解炭施加入土壤，并得出了与此不同的结论：硝化螺旋菌属的丰度得以提升。Bai 等（2015）对此进行了相关研究，之前 Ducey 等（2013）和 van Zwieten 等（2014）也对此进行了探索，但未发现热解炭降低土壤中氨单加氧酶（ammonia monooxygenase，amoA）活性点位多肽上的基因丰度。本研究中硝化螺旋菌属在

5%BC 中消失的原因还有待进一步研究。

9.3 细菌群落结构与土壤理化特性相关性

9.3.1 细菌与土壤环境变量的关系

在纲和属水平上，细菌与土壤环境变量的相互关系可以从图 9-5 和图 9-6 体现出来。RDA 表明，57.0%的细菌纲变量可以在第一轴、第二轴得到解释（图 9-6）；CCA 表明，35.8%的细菌属变量可以在第一轴、第二轴得到解释（图 9-7）。这种状况说明，土壤理化性质可以解释部分细菌群落结构变化的原因。

在纲水平下，图 9-6 的 RDA 排序图显示，在 3%BC、5%BC 的土壤中，热微菌纲（C29）、γ-变形菌纲（C18）具有较高的相对丰度；而在对照组、1%BC 的土壤中，β-变形菌纲（C8）、酸杆菌纲（C2）、全噬菌纲（C21）、鞘细菌（C27）具有较高的相对丰度。热微菌纲（C29）、γ-变形菌纲（C18）的相对丰度与热解炭添加量及土壤中的 TN、有机质、NH_4^+-N、NO_3^--N 的含量呈正相关，而与土壤 pH 呈负相关。全噬菌纲（C21）、β-变形菌纲（C8）、酸杆菌纲（C2）、鞘细菌（C27）的相对丰度变化与 γ-变形菌纲（C18）、热微菌纲（C29）情况相反。

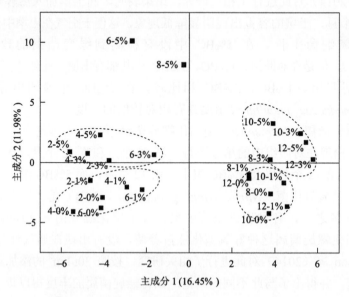

图 9-5　热解炭对紫色土细菌群落结构影响的 PCA

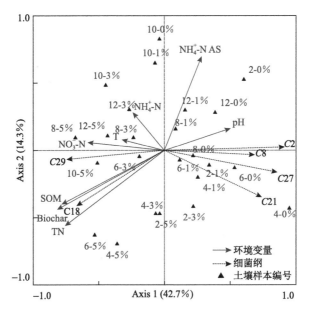

图 9-6 土壤中主要细菌纲相对丰度与环境变量间的 RDA 排序图

$C2$：酸杆菌纲；$C8$：β-变形菌纲；$C18$：γ-变形菌纲；$C21$：全噬菌纲；$C27$：鞘细菌；$C29$：热微菌纲。

NH_4^+-N AS 表示 NH_4^+-N 吸附量

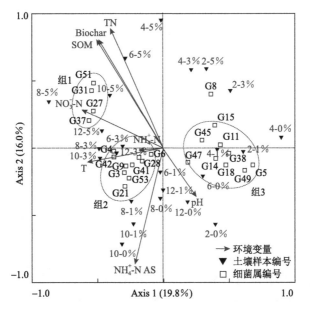

图 9-7 土壤样中主要细菌属与环境变量间的 CCA 排序图

细菌属编号对应的细菌属参见图 9-4

9.3.2 TN 为影响土壤细菌群落结构主因

CCA（图 9-7）显示影响土壤细菌群落结构最主要因素为土壤 TN 含量，在 $P=0.002$ 的条件下，可以解释 16%的物种变量；第二个因素为热解炭添加量，在 $P=0.002$ 的条件下，可以解释 15.8%的物种变量；第三个因素为有机质含量，在 $P=0.002$ 的条件下，可以解释 15.7%的物种变量；第四个因素为 NH_4^+-N 吸附能力，在 $P=0.002$ 的条件下，可以解释 13.3%的物种变量；第五个因素为土壤 pH，在 $P=0.012$ 的条件下，可以解释 11.5%的物种变量；第六个因素为硝酸盐氮含量，在 $P=0.02$ 的条件下，可以解释 10.3%的物种变量；第七个因素为环境温度，在 $P=0.026$ 的条件下，可以解释 8.7%的物种变量。但是土壤 NH_4^+-N 含量不会对细菌群落产生明显影响，两者之间不存在显著关联性。第一轴与土壤 pH 呈现出正相关，与土壤 NH_4^+-N 含量、NO_3^--N 含量、土壤环境温度呈现出负相关；第二轴与土壤 TN 含量呈现出正相关，与土壤的 NH_4^+-N 吸附量呈现出负相关。

图 9-7 表明，分布在 3 个组中细菌属，能够被典范轴很好地进行解释。在 3%BC、5%BC 的土壤中，试验后期第 1 组菌属具有较高的相对丰度；在 1%BC、3%BC 的土壤中，第 2 组菌属的相对丰度更为丰富；在对照组、1%BC 的土壤中，试验前期第 3 组菌属的相对丰度相对更高。与此同时还可发现，第 1 组的菌属，与原点具有相对较远的距离。这些情况表明，相比于另外两组菌属，第 1 组菌属对环境的变化更为敏感，而且第 1 组菌属的相对丰度与热解炭添加量及土壤有机质、TN、NO_3^--N 的含量呈现出正相关。第 2 组菌属的相对丰度与土壤的环境温度、土壤的 NH_4^+-N 吸附量呈现出正相关。第 3 组菌属的相对丰度与热解炭添加量、土壤环境温度及有机质、TN、NO_3^--N 的含量呈现出负相关，但是与土壤 pH 呈现出正相关。

9.3.3 土壤环境变量影响细菌群落结构

在各类菌属中，能够被土壤环境变量进行解释的有 9 个，并被明确注释出来，分别归为三个组中，其中，第 1 组有海杆菌属（*Marinobacter*: *G*31）、*Pelagibius*（*G*37）、特吕珀菌属（*Truepera*: *G*51）；第 2 组有芽孢杆菌属（*Bacillus*: G9）、*Gaiella*（*G*21）；第 3 组有 *Adhaeribacter*（G5）、*Flavisolibacter*（*G*18）、鞘氨醇单胞菌属（*Sphingomonas*: *G*45）、热单胞菌属（*Thermomonas*: *G*49）。Bonin 等（2015）的研究表明，以碳氢化合物为电子给体的菌属有海洋杆菌属（*G*31），另有一些菌株以硝酸盐为电子受体。在后期的试验培养中还发现，在 3%BC 和 5%BC 的土壤中这个属的菌属具有较高的相对丰度，对于这种情况的解释，可以归结为热解炭添加进土壤后，使土壤有利于反硝化作用。Liu 等（2015）对这些方面进行了相关研究，结果表明，在 3%BC 的土壤中芽孢杆菌属具有较高的相对丰度，并且芽孢杆菌属（G9）能够对某些异型生物质如杀虫剂、药物、致癌物等进行有效的代谢，这或许能解释热解炭改良可作为一种生物修复的手段。

9.4　小　　结

3%和 5%的热解炭添加量显著提高紫色土的有机质含量和总氮含量。1%的热解炭添加量对紫色土有机质含量和总氮含量无显著提升。添加热解炭后，紫色土铵态氮含量总体增加了，但硝酸盐氮含量受影响并不显著。在 3%、5%的紫色土中，细菌的 α-多样性显著降低，这应该归因于热解炭添加量的提高。对此，可以从下降的细菌 Shannon 指数和上升的 Simpson 指数中检测到。对照组与 1%BC 的细菌群落组成相似，3%BC 与 5%BC 的细菌群落组成相似。

在试验的紫色土中，有 42 门细菌被鉴定出来。其中，主要有 6 个菌门：酸杆菌门、变形菌门、放线菌门、拟杆菌门、绿弯菌门、芽单胞菌门。这些菌门的相对丰度，在所有序列中可达到 83.7%～94.3%的占比。热解炭添加量影响这些菌门的相对丰度，在总体上放线菌门、变形菌门的相对丰度得以增加，而酸杆菌门和绿弯菌门的相对丰度降低。在对照组、1%BC 土样中，硝化螺旋菌门被鉴定出来；在部分 3%BC 的土样中，也检测出硝化螺旋菌门；但是在 5%BC 的土样中，没有发现硝化螺旋菌门。从总体上来看，硝化螺旋菌门可达到 1.0%～2.5%的相对丰度。在试验紫色土中，有 95 个菌纲被鉴定出来。其中，相对丰度≥1%的菌纲共有 40 个。在这 40 个菌纲中，放线菌纲、酸杆菌纲、芽单胞菌纲、纤维粘网菌纲、厌氧绳菌纲、sphingobacteriia、α-变形菌纲、β-变形菌纲、γ-变形菌纲、δ-变形菌纲 10 个为主要的纲，并且其相对丰度最高。酸杆菌门中最主要的纲为酸杆菌纲，其相对丰度与热解炭添加量、培养时间呈现出负相关。就放线菌纲而言，在试验的前 6 个月可达到 4.9%～15.9%的相对丰度，后 6 个月为 13.5%～30.1%。随着热解炭添加量的增加，厌氧绳菌纲的相对丰度明显降低。α-变形菌纲的相对丰度较大，为 10%～20%；γ-变形菌纲的相对丰度在 3%和 5%的热解炭添加量下大幅提高，并随着热解炭添加量的增加而增强。在试验紫色土中，有 642 个菌属被鉴定出来。其中，有 105 个菌属的相对丰度≥1%。往土壤中添加热解炭，改变了土壤中多个主要菌属的分布，并对其相对丰度产生不同影响。大多数菌属对 3%BC 和 5%BC 的热解炭添加量的响应与对照组和 1%BC 不同。

RDA 分析显示，第一轴和第二轴共解释了 57.0%的细菌纲变量。CCA 分析显示，共有 35.8%的细菌属变量可以通过第一轴和第二轴得到解释。这种情况表明，土壤理化性质会影响到细菌群落结构变化。土壤理化性质的指标变量用于解释细菌属相对丰度的变化，可以用这样的排序表达出来：TN（16%）>热解炭添加量（15.8%）>有机质含量（15.7%）> NH_4^+-N 吸附量（13.3%）>pH（11.5%）> NO_3^--N 含量（10.3%）>环境温度（8.7%），土壤 NH_4^+-N 含量对土壤细菌群落的改变没有显著影响。

第 10 章　有机垃圾热解的经济前景与效益

10.1　引　　言

中国有机垃圾年产生量很大，据相关统计，2020 年全年我国生活垃圾清运量为 3.1 亿 t，而近年来中国厨余垃圾清运量保持了年均 3.6%的增长率。如果笼统考虑将农业废弃物、林业废弃物、生活垃圾都视作有机垃圾，那么有机垃圾年产生量会大得多。据相关统计，我国生物质年产生量约为 34.94 亿 t，由于受到耕地短缺的影响，有机垃圾以各类剩余物和废弃物为主，也大体上是所提及的农业废弃物、林业废弃物、生活垃圾等。随着经济不断增长，特别是中国城市化进程的不断推进、人民生活水平的不断提高，生活垃圾的人均产生量会继续提升。目前，中国人均收入已经超过 1 万美元，距离进入发达国家门槛的人均水平只相差不到 25%，如果中国经济保持适当速度增长，那么完全可以预计中国人均收入水平能够达到发达国家水平，届时中国人均垃圾产生量也必然会随之不断增长，渐次达到发达国家人均垃圾产生量水平。人均垃圾产生量与人均 GDP 有较高相关性，根据世界银行数据，高收入人口人均垃圾生产量为 1.58 kg/d。据此测算，中国要实现碳中和，必然要求加快推进有机垃圾的资源化利用，尤其对厨余等有机垃圾的资源化利用具有更为明显的经济意义。

利用热解方式处理有机垃圾可以减少垃圾处理费用，如果按综合每吨 0.3 元计算垃圾处理费用，那么按中国生活垃圾产生潜力峰值约为 10.05 亿 t 计算，将节约处理费用 3 亿多元；而如果按照有机垃圾的总体潜力峰值约为 53.46 亿 t 计算，那么将节约处理费用 16 亿元。当然，这里还不包括按照现有垃圾处理方法所产生的对环境的影响，如果考虑到对环境的影响，那么按照环境经济学的计算方法，这个费用还会高得多。同时，通过热解实现有机垃圾的资源化，还可以通过对热解三相产物的收集，实现变废为宝。对有机垃圾进行热解产生的三相产物中焦油物质是较好的化工原料，在进一步进行催化裂解、乳化调和、加氢脱氧后，可以成为汽油、柴油等的替代品，固相产物中热解炭的作用则更为明显，其既起到固碳作用，又可以作为煤炭的替代物等，这些都能够实现资源有效利用，进而提升有机垃圾的经济化水平。此外，将有机垃圾热解形成的热解炭，按一定的比例加入土壤后，可以有效地减缓土壤温室气体排放，提高土壤有机质含量，改善土壤的结构，这在一定程度上可以减少农作物的化肥施用量，进而在减少成本的情况下，提高农作物的产量。

10.2 有机垃圾热解炭对作物的影响

10.2.1 有机垃圾热解对作物施肥的影响

将有机垃圾热解炭加入土壤时，所用的热解炭是对有机垃圾进行热解时所得到的固相产物。加入土壤所用的热解炭是在终温为 700℃时制取的，在这个终温下所制取的热解炭具有很强的芳香性，同时还具有相当低的 H/C。具体来说，在终温为 700℃时条件下制取的热解炭，其表面的官能团主要是芳香族、脂肪族甲基、芳环＝C—H、亚甲基官能团等，这些官能团均不易因化学作用分解，也难以被微生物分解。因此，将在这个温度下制取的热解炭加入土壤后，具有相对稳定性，能够在达到固碳目的的同时，提升土壤肥力，进而减少农作物的肥料施用量。相关的试验表明，将在这个终温条件下制取的热解炭添加进土壤后，可以使土壤中的有机质生成速率提高，同时可以降低有机质矿化速率，从而使土壤中有机质的总体含量提高。土壤中有机质的总体含量提高，有利于土壤形成有机体和有机-无机复合体，从而增加胶体表面的阳离子吸附位点。同时，热解炭因具有孔隙结构特征，而具有较大的比表面积，氧化作用可以促使热解炭表面的含氧官能团数量增加，进一步提升阳离子的吸附能力，进而提高土壤阳离子交换总量，这些均有利于提高土壤肥力。

前述（6.3.1 节）的研究也表明，有机垃圾热解炭在添加进土壤以后，对土壤进行检测的结果是，在第 10 周以后土壤 CO_2 排放通量出现下降。相关研究也表明，水洗后的玉米秸秆制取的热解炭添加进土壤以后，能够使土壤中的有机质含量增加，但是不会使 CO_2 释放量增加（陆海楠等 2013）。Stewart 等（2013）利用同位素对这些问题进行的研究也表明，当热解炭添加进土壤以后，从第 6 个月开始土壤中原有的有机质，其部分被热解炭替代并作为生物作用的碳源。土壤有机质的含量在不同土壤中差异很大，含量高的可达 20%或 30%以上（如泥炭土，某些肥沃的森林土壤等），含量低的不足 1%或 0.5%（如荒漠土和风沙土等）。在土壤学中，一般把耕作层中含有机质 20%以上的土壤称为有机质土壤，含有机质 20%以下的土壤称为矿质土壤。一般情况下，耕作层土壤有机质含量通常在 5%以上。有机质的含碳量平均为 58%，所以土壤有机质的含量大致是有机碳含量的 1.724 倍。按此计算，如果热解炭替代部分有机质，将提升土壤总的碳含量，那么相应地可以促使土壤为作物生长提供更为充足的碳来源。

10.2.2　有机垃圾热解对作物氮循环的影响

氮是农作物生长的重要元素之一，在农作物生长过程中氮元素供应量直接影响农作物的生长，这当然会影响到农作物的产量。这是因为，氮是农作物体内重要有机物的组成部分，农作物中的叶绿素含量就与作物氮元素获取量高度正相关，而叶绿素含量又直接影响农作物的光合效率，直接影响光合作用产物的形成，进而影响农作物生长。土壤中的氮素绝大多数是以有机态形式存在的，有机态氮在耕作等一系列条件下，经过土壤微生物的矿化作用，转化为无机态氮供作物吸收利用。土壤氮素绝大部分来自有机质，故有机质含量与土壤总氮含量正相关，而热解炭加入土壤后能提升土壤有机质含量，添加 3%和 5%的热解炭引起紫色土硝酸盐氮含量变化是由硝化与反硝化过程引起的。热解炭可能提高土壤的硝化性能，通过往土壤中添加热解炭，可以提高土壤中的铵态氮含量，硝化作用的底物得以丰富，进而可使硝化过程得到有效促进，增加硝酸盐氮含量。

土壤中的总氮含量代表着土壤氮素的总储量和供氮潜力，因此，总氮含量与有机质一样是土壤肥力的主要指标之一。碱解氮又叫水解氮，它包括无机态氮和结构简单能为作物直接吸收利用的有机态氮，它可供作物近期吸收利用，所以又称为速效氮。速效氮含量的高低取决于有机质含量的高低和质量的好坏，以及放入氮元素数量的多少。有机质含量越丰富，熟化程度高，速效氮含量亦高。速效氮在土壤中的含量不够稳定，易受土壤水热条件和生物活动的影响而发生变化，但它能反映近期土壤的氮素供应能力。耕种的土壤一般性标准，氮含量在 150～200 mg/kg 适宜耕种。在 500～700℃条件下制取的热解炭含氮量为 2.02%～2.41%，其氮含量远高于耕种土壤所需要的含氮水平，是所需含氮量的 100 多倍。因此，将热解炭添加进土壤以后，可以提高土壤铵态氮含量，其原因可以归结为以下几方面：一是热解炭添加进土壤以后，其挟带的有机质中含有的铵态氮进入土壤，从而使土壤的铵态氮含量总体水平得到提高，在这个过程中热解炭中的无机氮会随着时间推移不断被释放出来，进而使土壤中的速效氮如铵态氮、硝酸盐氮等的含量得以增加。二是热解炭添加进土壤以后，土壤中有机氮生成无机氮的速率得以提高。Jamieson 等（2014）的相关研究表明，热解炭中的有机质中含有丰富的氮素，这更加有助于氨化作用，并为氨化作用提供原料。同时，将热解炭添加进土壤后，使土壤的营养成分得以提高的同时，便于微生物借以利用，可以有效地使脲酶的活性提高的同时，加快微生物呼吸的速率，进而促进有机物更加快速地进行氨化与水解，为土壤中的有机氮转化为铵氮提供更为有利的条件。本研究也表明，在第 6～第 10 个月出现土壤铵氮上升，其原因应该是将热解炭加入土壤以后，培植的黑麦草在生长过程中从第 7 月开始陆续死亡，植物残体被微生物分解，其中的有机氮通过氨化作用重新回到土壤参与氮的循环过程，从而提高土壤中铵态氮含量。尽管 Kameyama 等（2012）通过研究证明，热解炭能够通过吸附硝酸盐，进而使硝酸盐含氮量得到提高，但是盖霞普等（2015）在新近的一些研究中表明，在热解炭的表面负电荷大量存在，这种状况将会阻碍热解炭吸附硝酸盐。因此，从这些情况来看，对有机垃圾进行热解形成的固相物质热解炭加入土壤后，既可以增加土壤总氮含量，同时，由于热解炭的特征，又可有效地促进农作物的氮循环，进而提升农作物的产量。

10.2.3 有机垃圾热解对土壤呼吸的影响

热解炭能减小土壤容重，提高孔隙度。土壤孔隙度即土壤孔隙容积占土体容积的比例。土壤中各种形状的粗细土粒集合和排列成固相骨架。骨架内部有宽狭和形状不同的孔隙，构成复杂的孔隙系统，全部孔隙容积与土体容积的比例称为土壤孔隙度。由于水和空气共存并充满于土壤孔隙系统中，热解炭加入土壤以后会增加氧气在土壤内的扩散，减少土壤的缺氧区域，进而使反硝化作用得以抑制，确保硝酸盐的含氮量保持在较高水平。土壤呼吸（soil respiration）和人呼吸一样，指土壤释放二氧化碳的过程。土壤中的微生物的呼吸、作物根系的呼吸和土壤动物的呼吸都会释放出大量的二氧化碳，土壤呼吸是表征土壤质量和土壤肥力的重要指标，也可以反映出生态系统受到环境变化的影响，当然，土壤呼吸还为植物提供光合原料——二氧化碳。土壤呼吸作用是陆地生态系统碳收支中最大的通量，精确预测陆地与大气之间碳交换需要深入理解影响土壤呼吸作用的主导因子，特别是对其主要组成部分土壤微生物和根系呼吸作用的影响机理。土壤微生物和根系呼吸作用主要是土壤中生物代谢作用的结果，因此能够影响生物活动的生态因子都会导致其呼吸强度的变化。将热解炭加入土壤以后，可以有效地增加土壤 TN 含量，从而影响土壤内细菌分布状态及群落结构，提高有益细菌的丰度。同时，增大土壤的疏松性，使土壤的孔隙度增大，为土壤微生物活动提供更有利的空间，进而提升土壤呼吸作用。

10.2.4 有机垃圾热解炭对土壤环境的效应

热解炭储存在土壤中，其抗生物化学和微生物降解能力很强，通常被称为化学及生物"惰性"物质，目前热解炭在土壤中确切的矿化时间值得进行深入的研究（Lehmann et al.，2006；刘玉学等，2009）。热解炭在土壤中的矿化过程可能受到土壤性质、微生物及气候等的影响（Cheng et al.，2008，2009），但最终二氧化碳将是其被矿化的产物，否则随着时间的推移土壤最主要的有机质成分将为热解炭（Goldberg，1985）。热解炭存在的形式主要是固态颗粒物状，在热解炭的表面将发生降解过程，参与降解的物质既有生物性的，又有非生物性的。其表面的氧化反应相对较快（如几个月）（Cheng et al.，2008；Mitchell et al.，2015），但其内部结构却相对稳定，可以在土壤中存留数百年甚至上千年。Keith 等（2011）也对此进行了研究，结果也表明，添加到土壤中的热解炭中只有小部分（0.4%～1.1%）能够被降解，其中大部分相对稳定而不能被降解，这点也体现出热解炭加入土壤以后的固碳作用，显然对减少 CO_2 排放起到重要的作用，这极有利于减少温室气体排放效应。侯建伟等（2017）认为，制备热解炭的终温是个关键，终温越高的热解炭，其添加进土壤后降解速率越慢，温度越高、炭化时间越长、添加量越大，添加进土壤中热解炭降解速率越慢。

　　Goldberg（1985）通过研究指明，化学裂解、微生物降解、无机分解三种方式对黑炭（包括热解炭）的降解发挥着作用。而物质的化学成分和颗粒大小，以及环境背景包括添加进土壤的时间等，都会影响到降解的速率。热解炭添加进土壤后，随着时间的变化其颗粒会逐渐分解而变小。较小的颗粒可以通过几种途径得到利用：一是物理性作用，被雨水冲进土壤剖面的下层；二是生物性作用，通过生化作用转化成胡敏酸等；三是光化学作用，被氧化后进行转化。一些研究表明，在高温条件下通过采用臭氧氧化或化学氧化，在热解炭表面形成含氧基团，可以增加阳离子交换量与负电荷量。Cheng 等（2008）对此进行了进一步的研究，结果表明，在 120 天的培养时间，非生物氧化热解炭表面的阳离子交换与负电荷量的增加比生物氧化更为重要，这说明微生物对热解炭的氧化并没有显著影响；Cheng 等（2008）的另一项研究表明，在土壤中存在越久的热解炭自然氧化越为显著，这说明添加进土壤的热解炭的自然氧化特别是表面氧与时间显著正相关，而且氧化的速度也与时间正相关。

　　热解炭添进土壤对土壤理化性质的影响，成为近些年科学家研究的一个重点。一些土壤学者研究了热解炭对土壤环境如土壤物理性质、肥力、作物生长等的影响。Oguntunde 等（2008）对此进行了比较深入的研究，结果表明，木炭添加进土壤以后，土壤饱和渗透性明显增加，渗透系数大约增加 88%。土壤容积密度相应减少，总体得到的量化指标为 9%。土壤总孔隙度在一定程度上得到提高，检测出的增加量大约为 5%。这样一些性质的改变提高了土壤表面的平均温度。在试验中检测到，土壤表面温度提高，平均提高了 4℃。而且土壤的色度、反射率等得以改变。Peng 等（2011）对水稻秸秆热解炭加入土壤后的土壤理化性质进行了研究，结果表明，土壤 pH 增加了 0.1～0.46。土壤的阳离子交换率也得以增加，且增加得更为明显，增加的量值为 4%～17%。郑瑞伦等（2015）的研究结果表明，添加热解炭使土壤容重减小 11.5%～11.6%，pH 增加 0.1～0.2，田间持水量和总孔隙度分别增加 9.1%～10.3%和 7.6%～11.3%。王月玲等（2016）认为添加热解炭可以缓解土壤温度的变化，改变土壤的酸性，使大团聚体数量提高，并且使微生物种群及生化反应受到影响。

Chun 等（2004）进行了相应的研究后认为，热解炭表面含氧官能团很多，含氧官能团属于极性基团，因此对极性污染物具有很强的吸附能力。低温热解炭具有较强的亲水性，因而低温热解炭可以吸附大量亲水性的有机化合物，郝蓉等（2010）、周尊隆等（2010）的研究也表明，高温热解碳具有更强的芳香化程度，这使得高温热解炭具有亲脂性，亲脂性这一特性使高温热解炭可以吸附大量疏水性有机化合物。

10.3　有机垃圾热解炭的环境效益

10.3.1　有机垃圾热解减少环境污染

对有机垃圾的处理主要采用卫生填埋和焚烧，是传统处理的主要方式。此外，还有好氧堆肥等，但相对较少。这种传统处理城镇生活垃圾的方式各有利弊，卫生填埋虽然表土看不见垃圾，消除了垃圾散发出的难闻气味，但用地面积较大，还会产生加剧温室效应的甲烷等气体。世界各国都在谋求减少卫生填埋，其主要目的是减少渗滤液，避免其污染地下水源和土壤。采取其他方法对垃圾进行更有效的处理。对城镇垃圾进行焚烧，虽然可以在很大程度上将垃圾处理掉，还可以回收能源，但最终仍释放 CO_2、NO_x 等温室气体（金宜英等，2003），特别是焚烧过程中形成的二噁英排放到大气中，会严重污染大气，这也是一些地区对城镇垃圾焚烧敬而远之的一个非常重要的原因。进一步的研究还表明，将焚烧残渣进行封存，焚烧发电最终只能减少 3%的碳排放量（杨卫华等，2011），显然也不是一个较好的处理办法。好氧堆肥可以减少垃圾量，使大部分有机物转化生成二氧化碳和水等，而且存于堆肥中的碳能够再次返回大气，主要途径是经过生物作用产生二氧化碳等气体，也就是说好氧堆肥对减少碳排放量并没有起到很好的作用。在无氧或缺氧环境下对垃圾进行热解，主要是通过高温加热使其热解。它具有这样的特点：一是实现处理的减量化。热解是在封闭的环境中对垃圾进行处理，通过热解使城镇生活垃圾进行热解，可以有效减少城镇垃圾的量。二是热解的产物还可以作为资源进行利用。经过热解产生气相的热解气、液相的焦油和固相的热解炭，这三相物质化学性质有很大的不同，热解炭可以用于改良土壤，焦油可以提炼化工原料，热解气也可以直接作为燃料使用。三是实现处理的无害化。热解城镇垃圾时，很少有氯化物和硫化物析出，因而不会对环境产生压力。城镇垃圾经过热解，40%的原料转化为热解炭，40%的原料转化为可燃性气体，20%的原料转化为焦油。吴伟祥等（2015）的研究表明，热解处理技术既能够对城镇垃圾进行有效处理，又能够有助于节能减排，还可以将城镇垃圾作为新的资源进行综合利用。

10.3.2　有机垃圾热解减少有害气体排放

对有机垃圾进行热解的温度在 500～800℃，在这个温度区间二噁英等有害气体会分解，从而消除其有害性。大气环境中的二噁英 90%来源于垃圾焚烧，传统利用焚烧方法处理有机垃圾会形成二噁英，并排放到大气中。二噁英，又称二氧杂芑，是一种无色无味、毒性严重的脂溶性物质，由 1 个氧原子连接两个被氯原子取代的苯环为多氯代苯并呋喃（polychlorinated dibenzofurans，PCDFs）。每个苯环上都可以取代 1～4 个氯原子，从而形成众多的异构体，其中多氯代二噁英（PCDDs）有 75 种异构体，PCDFs 有 135 种异构体。自然界的微生物和水解作用对二噁英的分子结构影响较小，因此，环境中的二噁英很难自然降解消除。它包括 210 种化合物。二噁英的毒性十分大，是砒霜的 900 倍，有"世纪之毒"之称，10^{-4}g 甚至 10^{-8}g 的二噁英就会给健康带来严重的危害。二噁英除具有致癌毒性外，还具有生殖毒性和遗传毒性，直接危害子孙后代的健康和生活。因此二噁英污染是关系到人类存亡的重大问题，必须严格加以控制。国际癌症研究中心已将其列为人类一级致癌物。二噁英具有类似于"十二大危害物"的特性，"十二大危害物"是一组被称为持久性有机污染物的危险化学物质。实验证明二噁英可以损害多种器官和系统，一旦进入人体，就会长久驻留，因为其本身具有化学稳定性并易于被脂肪组织吸收，并从此长期积蓄在体内，可能透过间接的生理途径而致癌。它们在体内的半衰期为 7～11 年。在环境中，二噁英容易集积在食物链。食物链中依赖动物食品的程度越高，二噁英聚积的程度就越高。二噁英在 500℃时开始分解，700℃时可以完全分解，因此，对有机垃圾进行热解时的温度区间可以实现二噁英的完全分解。同时，由于热解是在厌氧条件下进行的，因此也不利于二噁英的产生。此外，传统上采用焚烧处理有机垃圾则会直接排放 NO_x 等有害气体。NO_x 是氮氧化物的总称，氮氧化物包括多种化合物，如一氧化二氮（N_2O）、一氧化氮（NO）、二氧化氮（NO_2）、三氧化二氮（N_2O_3）、四氧化二氮（N_2O_4）和五氧化二氮（N_2O_5）等。除二氧化氮外，其他氮氧化物极不稳定，遇光、湿或热变成二氧化氮及一氧化氮，一氧化氮又变为二氧化氮。大气中的 NO_x 主要来源于自然和人为活动的排放。在焚烧有机垃圾的情况下，排放的氮氧化物主要以 NO 的形式存在，初始排放量约为 95%，但是排放到大气中的 NO 很容易与空气中的氧气发生反应，形成 NO_2，因此大气中的

氮氧化物一般是 NO_2 的形式。因此，有机垃圾进行热解处理，可以有效地防范这些有害气体的产生，是目前比较经济而环境友好的处理有机垃圾以及实现有机垃圾资源化的办法。

10.3.3　有机垃圾热解减缓温室效应

传统对有机垃圾的处理大体采用填埋或焚烧等办法，而采取这两种办法的任何一种都会产生增进温室效应的气体，但具体产生的气体种类不同。采取焚烧的办法处理有机垃圾，会使有机垃圾中的碳与空气中的氧结合，产生对温室效应明显呈正向作用的 CO_2，这对碳中和目标实现的负面性非常明确。全球承诺碳中和目标的国家中，相当一部分就是对碳排放的承诺，而碳排放很大一部分是通过排放 CO_2 的方式来实现的。虽然全球不少国家和地区都提出了与碳中和相类似的环境控制目标，但这些国家与地区意指的控制目标却具有一定的差异性。各国提出的与中和相关的目标表述主要包括四种，即气候中和（climate neutral）、碳中和（carbon neutral）、净零碳排放（net-zero carbon emissions）和净零排放（net-zero emissions）。正式提出中和承诺的国家或地区也分别采用了一种或多种中和目标表述。各国对气候中和、碳中和、净零碳排放和净零排放这几类概念的理解各不相同，多数国家的目标定义与联合国政府间气候变化专门委员会定义不同。绝大多数国家虽然使用了不同的目标表述，但其实质均是温室气体的净零排放。各国提出的目标中对温室气体涵盖范围的界定并不明晰，近半数国家或地区没有明确目标所覆盖的气体，但明确覆盖气体的国家绝大多数包含了全部温室气体。也有个别国家（如新西兰）在覆盖气体中明确排除了部分难以实现净零排放的非 CO_2 温室气体。由此可见，CO_2 的排放对温室效应具有很强的正向效应。根据联合国政府间气候变化专门委员会的定义，在控制温室效应的目标范围方面，碳中和仅指 CO_2 净零排放，但多数国家的碳中和目标包含了全部温室气体净零排放，并且将碳中和等同于"温室气体净零排放"。而对有机垃圾进行热解所产生的三相产物中，不论在哪种温度下进行热解，产生的固相产物碳的含量都在 56% 以上，液相产物中碳的含量在 74% 以上，这些都使得有机垃圾中的碳与空气中的氧结合产生 CO_2 的量值非常低，因而也就可能有效地限制以 CO_2 为主的温室气体的排放。由此可见，相比较传统的有机垃圾焚烧方法，通过热解有机垃圾可以明显减少 CO_2 的排放。

传统处理有机垃圾的方法中填埋是一个主要方法。填埋有机垃圾会产生加剧温室效应的填埋气体。填埋气体主要成分是 CH_4、CO_2、N_2、O_2、NH_3、H_2S、H_2 等，其中 CH_4 含量为 45%～50%，CO_2 含量为 40%～60%。由此可见，填埋有机垃圾时产生的填埋气体主要是 CH_4 和 CO_2。而这两种气体都会明显加剧温室效应。因此，一些国家针对非 CO_2 温室气体也提出了具体的减排目标，如日

本和英国的非 CO_2 温室气体减排目标与《基加利修正案》减排的要求相一致，即到 2036 年将含氟温室气体降低到基线（2011～2013 年排放平均水平）的 85% 以下。此外，出于产业结构的考虑，一些国家明确提出碳中和目标不包括特定的温室气体，如新西兰的碳中和目标是到 2050 年实现除动物排放的生物 CH_4 外的所有温室气体的净排放为零，而 CH_4 排放量到 2030 年比 2017 年减少 10%，到 2050 年比 2017 年减少 24%～47% 等。因此，对有机垃圾进行热解可以减少填埋气的产生，特别是对温室效应起着正向作用的 CH_4 的产生。而有机垃圾进行热解对碳中和目标实现的作用也与在碳中和目标中一些国家的目标设定是相适应的。

10.4　有机垃圾热解的经济效益

10.4.1　有机垃圾热解对农业经济的影响

热解炭能增加土壤总氮、有机碳的含量和氮、磷、钾、锌的有效含量（郑瑞伦等，2015；聂新星等，2016），这些有效含量的增加显然有利于作物的生长和丰产。对此，Hossain 等（2010）利用废水污泥制备热解炭，并将制备的热解炭添进土壤，同时在添加热解炭的土壤中种植番茄进行试验，试验结果表明在热解炭添加进土壤后作物的产量有了明显的增加，对应的试验数据表明当每公顷添加 10t 热解炭时，大约可以增产 64%。其原因是热解炭添加进土壤后，热解炭的有效含量的影响可以提高土壤电导率，增加 N、P 含量，进而优化其化学条件。Zhang 等（2010）也对此进行了比较深入的研究，具体利用水稻进行试验，研究结果表明每公顷加入 40t 的热解炭且不施加氮肥，可以使水稻产量增加 14%。Major 等（2010）进行了相类似的研究，具体研究了热解炭加入土壤后四年培养期间对玉米和黄豆产量的影响，发现当土壤中每公顷加入 20t 热解炭后，在第一年玉米产量没有增加，在其后的三年时间里玉米的产量都有了一定的增长，且逐年递增，在第四年增长得最为迅猛，四年的增长情况分别为 0%、28%、30%、140%。Vaccari 等（2011）对种植小麦的土壤进行了添加热解炭的研究，研究结果表明每公顷加入 30t 和 60t 的热解炭，均可以使小麦的产量明显增加，分别增产 28% 和 39%，这说明并不是在土壤中增加热解炭越多增产就越多。刘园等（2015）发现，施用中、高量秸秆热解炭对作物有小幅增产作用，土壤容重、水分、持水量等物理性状的改善可能是作物增产的重要原因之一。战秀梅等（2015）通过四年的田间微区定位试验，得出热解炭在提高土壤有机碳和全氮的含量方面优势突出，对作物具有持续增产作用。王耀锋等（2015）发现，竹炭和水洗竹炭单独施用和与肥料配施均可显著提高水稻的产量和对养分的吸收。

然而，也有一些研究的结果与上述研究不完全一致。一些研究反映出热解炭添加进土壤可能对植物生长产生一定的负面作用。Kwapinski 等（2010）在土壤中添加热解炭以培养玉米苗，试验结果表明，在土壤中添加进终温为 400℃ 的热解炭会抑制玉米幼苗的生长。Noguera 等（2010）也进行了相应的研究，试验结果表明，在不同的土壤中热解炭对作物生长及营养分配的作用不同，将热解炭添加进营养土壤对作物生长有促进作用，但将热解炭添加进贫瘠土壤则对作物生长没促进作用。李阳等（2107）也进行了一些研究，利用在土壤中添加不同剂量的热解炭，以培养小麦种子萌发与幼苗。试验结果表明，小麦发芽率较对照组无显著性变化（$P>0.05$），但根、芽生长表现出低剂量促进而高剂量抑制的特点。

10.4.2　有机垃圾热解可再生化工原料

有机垃圾进行热解产生的三相产物中，其中液相产物焦油具有 140 多种化学成分，主要包括酚类、醇类、醛类、酯类以及烷烃、烯烃、单环芳烃、PAHs 等，这些物质可以作为有机化工原料。有机化工原料可以分为烷烃及其衍生物、烯烃及其衍生物、炔烃及衍生物、醌类、醛类、醇类、酮类、酚类、醚类、酐类、酯类等。从焦油的化学成分与有机化工原料相比较来看，两者具有相当的类似性。此外，对有机垃圾进行热解，在不同终温下得到的液相产物焦油的成分不同。例如，当热解终温为 500℃时，焦油的主要成分以单环芳烃和 PAHs 为主；当热解终温超过 600℃时，焦油的主要成分为多环芳烃。同时，从前面章节得出不同终温下焦油中烷烃含量也不尽相同。例如，在终温为 500℃时，焦油中烷烃含量为 4.52%；在终温为 600℃时，焦油中烷烃含量为 0.40%；在终温为 700℃时，焦油中烷烃含量为 0.14%；在终温为 800℃时，焦油中烷烃含量为 0.12%。不同终温下苯酚及其衍生物的含量也不同。例如，在终温为 500℃时，苯酚及其衍生物的含量为 1.51%；在终温为 600℃时，苯酚及其衍生物的含量为 4.09%；在终温为 700℃时，苯酚及其衍生物的含量为 1.05%；在终温为 800℃时，苯酚及其衍生物的含量为 0.18%。从这些情况来看，对有机垃圾进行热解可以通过安排不同的终温，生产出不同的有机化工原料，这样可以有针对性地生产出适合经济发展所需要的有机化工原料。

10.4.3　有机垃圾热解可实现碳汇交易

有机垃圾热解三相产物中固相、液相产物在不同终温下固碳的比例都占了大部分。例如，在终温 500℃下，固相、液相产物的含碳比例相加为 68.08%；在终温 600℃下，固相、液相产物的含碳比例相加为 66.62%；在终温 700℃下，固相、液相产物的含碳比例相加为 62.11%；在终温 800℃下，固相、液相产物的含碳比例相加为 59.72%。由此可见，对有机垃圾进行热解的固碳效应是非常明显的，而这对碳中和的作用也非常明显。

碳市场体系的建设可以有效地促进碳中和目标的实现。2021 年 1 月 1 日起，全国碳市场发电行业第一个履约周期正式启动，有 2225 家发电企业分到碳排放配额。据《2020 年中国碳价调查》预测，到 2030 年，中国平均碳价将从 2020 年的 49 元/t CO_2 当量上升到 93 元/t CO_2 当量，预计到 21 世纪中叶，平均碳价将超过 167 元/t CO_2 当量。有机垃圾热解可以有效地实现固碳目标，如果将热解有机垃圾实现的固碳投放到碳市场实现碳汇交易，那么在没有技术改进的情况下，以中国碳汇总量 15 亿 t 左右为基数，按热解产生的三相产物中 60%比例固碳来计算，则可以在 2020 年、2030 年和 2050 年分别实现 441 亿元、837 亿元、1503 亿元交易额。当然，这只是一个极为粗略的计算。

从整体来看，对有机垃圾进行热解，形成的热解炭起着明显的固碳作用，这不仅可以减少环境污染，而且将能够通过碳市场体系的建设促进碳中和目标的实现。显然，应用热解的方法对有机垃圾进行热解，可以通过碳汇市场为垃圾处理积累资金，从而使垃圾无害化处理形成良性循环。同时，热解技术可以应用于所有的生物质，使中国主要生物质如秸秆、林业剩余物、生活垃圾等转化为碳汇，从而实现变废为宝的目的。

结　束　语

环境污染问题日益引起全世界各个国家与地区的重视，特别是温室气体问题引发了对碳中和目标的关注。碳中和核心的一点就是实现零排放甚至负排放，而生物质的有效利用是实现碳中和的重要路径。通过有机垃圾热解炭的性质及其影响因素研究，以及热解炭施于土壤后引起的土壤理化性质、温室气体排放和微生物群落结构的变化等研究，分析出多组分混合有机垃圾（包括厨余、塑料、纸屑、竹木和布织物等）热解三相产物分布及其化学组成，可以揭示不同热解温度下混合垃圾热解过程中各元素成分的转化规律，为有机垃圾制热解炭的过程控制及其理化性质的预测提供了依据。同时，对在不同添加量下有机垃圾热解炭对典型土壤 pH、阳离子交换量、CO_2 与 N_2O 排放、氮素转化和有机质的影响，阐明了有机垃圾热解炭对土壤固碳减排的效果，进而表明对有机垃圾热解可以有效地促进碳中和目标的实现。通过运用 Miseq 高通量测序，分析在有机垃圾热解炭添加进紫色土的情况下土壤中细菌的群落结构变化，进而可以检测出各类群的相对丰度，从微生态角度阐明了添加有机垃圾热解炭对紫色土改良的效果。

整个论述研究可以得到以下主要结论：一是实现碳中和目标对防止温室效应的加剧起着十分重要的作用，而对生物质的有效利用特别是对有机垃圾的热解处理，既可以防止有机垃圾对环境的污染，又可以解决好传统通过填埋、焚烧等方式对环境二次污染以及对大气温室效应加剧的影响，进而可能为碳中和目标的实现提供一个可行的解决办法。二是在 600～800℃热解温度下，对于 5 种单组分有机物热解炭的比表面积，竹木最大，其余依次为布织物、纸屑、厨余，塑料最小，热解炭的平均孔径为 1.9～10.9nm，表现为中孔结构。600℃是布织物、竹木和纸屑热解炭形成多孔结构的关键温度控制点；800℃是厨余热解炭形成多孔性结构的关键温度控制点；塑料在 600℃热解温度下充分完成了热解，超过600℃对塑料热解炭孔隙结构的形成是不利的。三是不同组分混合垃圾热解并非简单地独立完成，而是存在交互影响，这也使得对混合垃圾热解炭的孔隙结构的预测变得较为困难。布织物、竹木和纸屑等结构相似的物质混合热解，物质间的热解交互影响并不凸显，热解炭的孔隙结构表现为单组分热解的加和。厨余、塑料与布织物、竹木和纸屑的物质结构不同，其热解炭的孔隙结构受热解交互影响较为明显。四是在 500~800℃热解温度下，有机垃圾热解炭的 pH 均大于 7.0，根据热解组分的不同，其 pH 从大到小的排序为厨余>竹木>纸屑>混合垃圾>布织物>塑料，生物质类原料热解炭的 pH 总体高于非生物质原料热解炭的 pH。五是有机垃圾热解炭中含有芳香烃、羟基、羧基、醚键等官能团。纸屑、布织物、厨余单组分热解炭的芳香性随热解温度的升高而逐渐增强，竹木热解炭芳环官能团数量随温度的升高而逐渐减小，塑料热解炭的芳香性随热解温度的升高先增强后减弱，700℃时达到最大。混合垃圾热解炭的芳香性随热解温度的升高总体呈现增强趋势，各单组分热解炭官能团在组合组分热解炭中均有所反映，官能团种类与热解原料密切相关。六是热解炭表面元素主要有 C、O、N、Cl、Ca、Si、Na 和 K，C 含量最大，O 含量次之；C 含量随着温度的升高总体呈上升趋势，O、H、N 的含量随热解温度的升高而降低，S、Cl 的含量相对稳定，受热解温度的影响较小。七是热解炭产率与热解温度呈现出负相关，气体产率与热解温度呈现出正相关。在 600℃的终温条件下，焦油产率达到最大。在 500~800℃的热解温度下，焦油的低位热值为 24.12~28.36 MJ/kg，作为替代燃料，与汽油、柴油的热值还有一定差距。随热解温度的升高，焦油的 C 含量总体增加，H、O 含量总体降低，H/C 和 O/C 逐渐降低，芳香性增强，极性减弱。与原料相比，焦油的极性降低，而芳香性提高；与热解炭相比，焦油的极性减弱，芳香性降低。八是有机垃圾热解焦油主要包括烷烃、烯烃、酚、醇、醛、酮、酯、单环芳烃、PAHs 以及一些杂环化合物。当热解温度为 500℃时，单环芳烃、多环芳烃为焦油的主要成分；当热解温度大于 600℃时，焦油的主要成分就只为 PAHs，占 54.06%~83.45%。通过 Diels-Alder 反应，苯酚及其衍生物发生自由基反应，产生 PAHs。PAHs 在焦油中的占比为 39.00%~50.72%，其主要成分为萘及其衍生物。九是添加热解炭后，土壤 pH、CEC 和有机质含量增大了，随热解炭添加量的增加和热解温度的升高，其增大效果越明显。添加热解炭后，土壤 CO_2 和 N_2O 的排放通量减小了，随热解炭添加量的增大和热解温度的增加，其减小效果越显著。热解炭对土壤的影响是多个因素相互作用的结果，土壤理化性质与其温室气体排放存在一定的相关性。土壤 pH 显著正相关于土壤 CEC，显著负相关于温度、土壤 CO_2 排放通量和 N_2O 排放通量，有机质含量正相关于温度、土壤 CO_2 排放通量和 N_2O 排放通量，土壤 CO_2 排放通量和 N_2O 排放通量显著正相关于温度。十是 3%和 5%的热解炭添加量显著提高紫色土的有机质含量和总氮含量，1%的热解炭添加量对紫色土有机质含量和总氮含量无显著提升效果。添加热解炭后，紫色土铵态氮含量总体增大，但硝酸盐氮含量受影响并不显著。3%和 5%的热解炭添加量使细菌的 α-多样性明显降低，可以通过细菌的 Shannon 指数和 Simpson 指数表现出来，体现为 Shannon 指数降低同时 Simpson 指数升高。对照组与 1%BC 的细菌群落组成相似，3%BC 与 5%BC 的细菌群落组成相似。十一是在试验紫色土中，有 42 门细菌被鉴定出来。其中，酸杆菌门、放线菌门、变形菌门、拟杆菌门、绿弯菌门、芽单胞菌门 6 个为被鉴定出来的主要菌门。这些菌门总的相对丰度在所有序列中的占比可达到 83.7%～94.3%。热解炭添加量对这些菌门相对丰度产生影响，总体增加变形菌门和放线菌门的相对丰度，而降低酸杆菌门和绿弯菌门的相对丰度。在试验紫色土中，有 95 个菌纲被鉴定出来。其中，相对丰度≥1%的菌纲共有 40 个。在这 40 个菌纲中，放线菌纲、酸杆菌纲、芽单胞菌纲、纤维粘网菌纲、厌氧绳菌纲、*Sphingobacteria*、α-变形菌纲、β-变形菌纲、γ-变形菌纲、δ-变形菌纲 10 个为主要的纲。在试验紫色土中，有 642 个菌属被鉴定出来。其中，有 105 个菌属的相对丰度≥1%。热解炭添加进土壤中，会影响到多个主要菌属的相对丰度，但产生作用的程度不同。从总体上来说，添加 3%、5%的热解炭进入土壤对大多数菌属产生的影响不同于添加 0%、1%的热解炭。十二是细菌群落结构变化的部分原因是其所处土壤理化性质的改变。这些变量对细菌属相对丰度的变化的解释量排序为 TN（16%）>热解炭添加量（15.8%）>有机质含量（15.7%）> NH_4^+ - N 吸附量（13.3%）>pH（11.5%）>NO_3^--N 含量（10.3%）>环境温度（8.7%），土壤 NH_4^+ - N 含量对土壤细菌群落的改变没有显著影响。十三是通过对有机垃圾进行热解形成的热解炭加入土壤以后，可以形成长时期的固碳效应，实现生物质的负碳排放，也可以明显减少土壤有害气体的排放，促进碳中和目标的实现。同时，将有机垃圾热解形成的热解炭加入土壤后，可以有效地改善土壤的结构，形成有利于农作物的土壤改性效应，这样既可以减少农作物的化肥施用量，间接减少化肥生产产生的碳排放，又可以提高农作物产量，提高农业生产的效益。同时，对有机垃圾进行热解，可以通过减少碳排放来实现碳汇交易，极大地提升其经济效益。

参 考 文 献

白红英, 张一平, 孙华, 等. 2009. 耕层土壤 N_2O 排放与温度及土壤深度依变性[J]. 西北农林科技大学学报（自然科学版）, (11): 201-206.

常娜, 甘艳萍, 陈延信. 2012. 升温速率及热解温度对煤热解过程的影响[J]. 煤炭转化, 35(3): 1-5.

陈萃. 2010. 碳纳米管聚氨酯复合材料的制备及其性能研究[D]. 哈尔滨: 黑龙江大学.

陈汉平, 隋海清, 王贤华, 等. 2012. 废轮胎热解多联产过程中温度对产物品质的影响[J]. 中国电机工程学报, (23): 119-125.

陈俊辉. 2013. 田间试验下秸秆热解炭对农田土壤微生物群落多样性的影响[D]. 南京: 南京农业大学.

陈红红, 夏良燕, 卢平. 2014. 生物质低温热解动力学的研究[C]. 2014 江苏省工程热物理学会第八届学术会议.

陈心想, 何绪生, 张雯, 等. 2014. 热解炭用量对模拟土柱氮素淋失和田间土壤水分参数的影响[J]. 干旱地区农业研究, (1): 110-114.

邓娜, 张于峰, 马洪亭. 2007. 医疗废物中输液管（含 PVC）与纱布（含纤维素）的混合热解特性[J]. 天津大学学报, (11): 1372-1376.

董芃, 尹水娥, 别如山. 2006. 典型塑料热解规律的研究[J]. 哈尔滨工业大学, (11): 1959-1962.

高凯芳, 简敏菲, 余厚平, 等. 2016. 裂解温度对稻秆与稻壳制备热解炭表面官能团的影响[J]. 环境化学, 35(8): 1663-1669.

盖霞普, 刘宏斌, 翟丽梅, 等. 2015. 玉米秸秆热解炭对土壤无机氮素淋失风险的影响研究[J]. 农业环境科学学报, 34(2): 310-318.

郝蓉, 彭少麟, 宋艳暾, 等. 2010. 不同温度对黑碳表面官能团的影响[J]. 生态环境学报, (3): 528-531.

何绪生, 张树清, 佘雕, 等. 2011. 热解炭对土壤肥料的作用及未来研究[J]. 中国农学通报, (15): 16-25.

侯建伟, 索全义, 段玉, 等. 2017. 沙蒿热解炭在沙土中的降解特征[J]. 土壤, 49(5): 963-968.

胡强, 陈应泉, 杨海平, 等. 2013. 温度对烟杆热解炭、气、油联产特性的影响[J]. 中国电机工程学报, (26): 54-59.

花莉, 金素素, 唐志刚. 2012. 热解炭输入对土壤 CO_2 释放影响的研究[J]. 安徽农业科学, 40(11): 6501-6503, 6540.

黄本生, 李晓红, 王里奥, 等. 2003. 重庆市主城区生活垃圾理化性质分析及处理技术[J]. 重庆大学学报（自然科学版）, (9): 9-13.

黄剑, 张庆忠, 杜章留, 等. 2012. 施用热解炭对农田生态系统影响的研究进展[J]. 中国农业气象, (2): 232-239.

姬登祥, 艾宁, 王敏, 等. 2011. 热重分析法研究水稻秸秆热裂解特性[J]. 可再生能源,

　　　29(1): 41-44.

贾晋炜. 2013 生活垃圾和农业秸秆共热解及液体产物分离研究[D]. 北京: 中国矿业大学（北京）.

蒋磊, 任强强. 2011. 秸秆热解过程 HCl 析出特性的试验研究[J]. 可再生能源, 29(1): 27-31.

金素素. 2013. 热解渣施用对土壤 CO_2 释放和碳截留影响的研究[D]. 西安: 陕西科技大学.

金晓静. 2014. 城镇有机垃圾热解气形成与污染物析出机理研究[D]. 重庆: 重庆大学.

金宜英, 田洪海, 聂永丰. 2003. 垃圾焚烧系统中二噁英类形成机理及影响因素[J]. 重庆环境科
　　　学, (4): 14-16.

李力, 刘娅, 陆宇超, 等. 2011. 热解炭的环境效应及其应用的研究进展[J]. 环境化学, 30(8):
　　　1411-1421.

李桥. 2016. 热解炭紫外改性及对 VOCs 气体吸附性能与机理研究[D]. 重庆: 重庆大学.

李帅丹, 陈雪莉, 刘爱彬, 等. 2014. 固定床中纤维素热解及其焦油裂解机理研究[J]. 燃料化学
　　　学报, (4): 414-419.

李雪梅, 张利红. 1999. 硝态氮在羊草-土壤中的分配及其季节动态[J]. 辽宁大学学报（自然科
　　　学版）, 26(4): 388-392.

李阳, 黄梅, 沈飞, 等. 2017. 热解炭对小麦种子萌发与幼苗生长的植物毒理效应[J]. 生态毒理
　　　学报, 12(1): 234-242.

林均衡, 杨文申, 阴秀丽, 等. 2018. 矿化垃圾衍生燃料热解过程 HCl 与 H_2S 析出规律[J]. 燃料
　　　化学学报, 46(2): 152-160.

林双政. 2009. 菲衍生物的合成及在不对称催化中的应用[D]. 合肥: 中国科学技术大学.

林顺洪, 李伟, 柏继松, 等. 2017. TG-FTIR 研究生物质成型燃料热解与燃烧特性[J]. 环境工程
　　　学报, 11(11): 6092-6097.

刘博. 2009. 保护性耕作对旱作农田休闲期温室气体排放的影响[D]. 兰州: 甘肃农业大学.

刘国涛, 唐利兰. 2016. 城镇有机垃圾热解过程中 NH_3、H_2S 和 HCl 的析出特性[J]. 环境工程
　　　学报, 10(8): 4499-4503.

刘祥宏. 2013. 热解炭在黄土高原典型土壤中的改良作用[D]. 杨凌: 中国科学院研究生院（教
　　　育部水土保持与生态环境研究中心）.

刘玉学, 刘微, 吴伟祥, 等. 2009. 土壤热解炭环境行为与环境效应[J]. 应用生态学报, (4): 977-982.

刘园, Khan M J, 靳海洋, 等. 2015. 秸秆热解炭对潮土作物产量和土壤性状的影响[J]. 土壤学
　　　报, (4): 849-858.

陆海楠, 胡学玉, 陈威. 2013. 热解炭添加对土壤 CO_2 排放的影响 [C]. 第五届全国农业环境科
　　　学学术研讨会. 天津: 农业部环境保护科研监测所、中国农业生态环境保护协会: 629-633.

罗凯. 2007. 流化床热解液化及生物油品质的分析研究[D]. 武汉: 华中科技大学.

聂新星, 李志国, 张润花, 等. 2016. 热解炭及其与化肥配施对灰潮土土壤理化性质、微生物数
　　　量和冬小麦产量的影响[J]. 中国农学通报, 32(9): 27-32.

任强强, 赵长遂. 2008. 升温速率对生物质热解的影响[J]. 燃料化学学报, (2): 232-235.

宋成芳. 2013. 生物质催化热解炭化的试验研究与机理分析[D]. 杭州: 浙江工业大学.

汪文祥, 公伟伟, 高朋召. 2010. 源于核桃壳的生物形态多孔炭的制备及其性能研究[J]. 陶瓷学
　　　报, (3): 463-467.

王娟. 2015. 稻田土壤碳氮转化与微生物群落结构及活性之间的联系机制[D]. 杭州: 浙江大学.

王萌萌, 周启星. 2013. 热解炭的土壤环境效应及其机制研究[J]. 环境化学, 32(5): 768-780.

王汝佩. 2015. 可燃固体废弃物控氧热转化机理及试验研究[D]. 杭州: 浙江大学.

王爽, 胡亚敏, 王谦, 等. 2017. 基于不同组分的海藻热分解机理研究[J]. 太阳能学报, 38(12): 3461-3468.

王亚宜, 周东, 赵伟, 等. 2014. 污水生物处理实际工艺中氧化亚氮的释放: 现状与挑战[J]. 环境科学学报, 34(5): 1079-1088.

王耀锋, 刘玉学, 吕豪豪, 等. 2015. 水洗热解炭配施化肥对水稻产量及养分吸收的影响[J]. 植物营养与肥料学报, 21(4): 1049-1055.

王月玲, 耿增超, 王强, 等. 2016. 热解炭对塿土土壤温室气体及土壤理化性质的影响[J]. 环境科学, 37(9): 3634-3641.

温俊明. 2006. 城市生活垃圾热解特性试验研究及预测模型[D]. 杭州: 浙江大学工程.

吴伟祥, 孙雪, 董达, 等. 2015. 热解炭土壤环境效应[M]. 北京: 科学出版社.

吴志丹, 尤志明, 江福英, 等. 2012. 生物黑炭对酸化茶园土壤的改良效果[J]. 福建农业学报, 27(2): 167-172.

武伟男. 2007. 城镇污水污泥微波高温热解油类产物特性研究[D]. 哈尔滨: 哈尔滨工业大学.

武玉, 徐刚, 吕迎春, 等. 2014. 热解炭对土壤理化性质影响的研究进展[J]. 地球科学进展, (1): 68-79.

徐凡珍, 胡古, 沙丽清. 2014. 施肥对橡胶人工林土壤呼吸、土壤微生物生物量碳和土壤养分的影响[J]. 山地学报, 32(2): 179-186.

邢英, 李心清, 王兵, 等. 2011. 热解炭对黄壤中氮淋溶影响: 室内土柱模拟[J]. 生态学杂志, (11): 2483-2488.

解立平, 林伟刚, 杨学民. 2002. 城镇固体有机废弃物制备中孔活性炭[J]. 过程工程学报, 2(5): 465-469.

徐文彬, 刘维屏, 刘广深. 2002. 温度对旱田土壤 NO_2 排放的影响研究[J]. 土壤学报, (1): 4-5.

薛旭方, 于晗, 洪楠, 等. 2010. 餐饮垃圾主要成分的热解动力学研究[J]. 环境工程学报, 4(10): 2349-2354.

杨巧利. 2007. 生物质焦油和热解油分析方法的建立[D]. 郑州: 郑州大学.

杨卫华, 李静, 戴本慧. 2011. 生活垃圾焚烧发电碳排放计算方法研究[J]. 节能, (Z1): 61-63.

易仁金. 2007. 城镇生活垃圾催化热解的实验研究[D]. 武汉: 华中科技大学.

袁金华, 徐仁扣. 2011. 热解炭的性质及其对土壤环境功能影响的研究进展[J]. 生态环境学报, (4): 779-785.

战秀梅, 彭靖, 王月, 等. 2015. 热解炭及炭基肥改良棕壤理化性状及提高花生产量的作用[J]. 植物营养与肥料学报, 21(6): 1633-1641.

张阿凤, 潘根兴, 李恋卿. 2009. 生物黑炭及其增汇减排与改良土壤意义[J]. 农业环境科学学报, 28(12): 2459-2463.

张楚, 于娟, 范狄, 等. 2008. 中国城镇垃圾典型组分热解特性及动力学研究[J]. 热能动力工程, (6): 561-566.

张德强, 孙晓敏, 周国逸, 等. 2006. 南亚热带森林土壤 CO_2 排放的季节动态及其对环境变化的响应[J]. 中国科学. D 辑: 地球科学, (S1): 130-138.

张红炼. 2014. 城镇有机垃圾热解特性及生物碳对土壤理化性质影响研究[D]. 重庆: 重庆大学.

张军. 2013. 微波热解污水污泥过程中氮转化途径及调控策略[D]. 哈尔滨: 哈尔滨工业大学.

张立强, 李凯, 朱锡锋. 2016. 豆类秸秆两级热解特性研究[J]. 燃料化学学报, 44(5): 534-539.

张丽娜. 2005. 红壤地区土壤氨氧化细菌特异性 16S rDNA 文库的 RFLP 分析[D]. 南京: 南京理工大学.

张巍巍, 曾国勇, 傅海燕, 等. 2007. 稻秆热解固体产物的性能[J]. 华东理工大学学报(自然科学版), (2): 219-222.

张伟明. 2012. 热解炭的理化性质及其在作物生产上的应用[D]. 沈阳: 沈阳农业大学.

张雪, 白雪峰, 赵明. 2015. 废塑料热解特性研究[J]. 化学与粘合, 37(2): 107-110.

章明奎, Walelign D. Bayou, 唐红娟. 2012. 热解炭对土壤有机质活性的影响[J]. 水土保持学报, (2): 127-131.

赵颖, 刘建国, 岳东北, 等. 2008. 温度对生活垃圾可燃组分连续热解的影响[J]. 中国环境科学, (1): 53-57.

郑瑞伦, 王宁宁, 孙国新, 等. 2015. 热解炭对京郊沙化地土壤性质和苜蓿生长、养分吸收的影响[J]. 农业环境科学学报, 34(5): 904-912.

周建斌. 2005. 竹炭环境效应及作用机理的研究[D]. 南京: 南京林业大学.

周志红, 李心清, 邢英, 等. 2011. 热解炭对土壤氮素淋失的抑制作用[J]. 地球与环境, (2): 278-284.

周尊隆, 卢媛, 孙红文. 2010. 菲在不同性质黑炭上的吸附动力学和等温线研究[J]. 农业环境科学学报, (3): 476-480.

朱霞. 2013. 土壤氧化亚氮产生机理及影响因子的研究[D]. 成都: 中国科学院成都生物研究所.

Aboyade A O, Carrier M, Meyer E L, et al. 2013. Slow and pressurized co-pyrolysis of coal and agricultural residues [J]. Energy Conversion and Management, 65(2): 198-207.

Anderson C R, Condron L M, Clough T J, et al. 2011. Biochar induced soil microbial community change: Implications for biogeochemical cycling of carbon, nitrogen and pHospHorus[J]. Pedobiologia, 54(5-6): 309-320.

Anderson C R, Hamonts K, Clough T J, et al. 2014. Biochar does not affect soil N-transformations or microbial community structure under ruminant urine patches but does alter relative proportions of nitrogen cycling bacteria[J]. Agriculture, Ecosystems & Environment, 191(SI): 63-72.

Ates F, Miskolczi N, Borsodi N. 2013. Comparision of real waste (MSW and MPW) pyrolysis in batch reactor over different catalysts. Part I: Product yields, gas and pyrolysis oil properties[J]. Bioresource Technology, 133: 443-454.

Bai S H, Reverchon F, Xu C, et al. 2015. Wood biochar increases nitrogen retention in field settings mainly through abiotic processes[J]. Soil Biology and Biochemistry, 90: 232-240.

Boehm H P. 1994. Some aspects of the surface-chemistry of carbon-blacks and other carbons[J]. Carbon, 32(5): 759-769.

Bonin P, Vieira C, Grimaud R, et al. 2015. Substrates specialization in lipid compounds and hydrocarbons of Marinobacter genus[J]. Environmental Science and Pollution Research, 22(20): 15347-15359.

Bridgwater A V. 1994. Catalysis in thermal biomass conversion[J]. Applied Catalysis A-General, 116(1-2): 5-47.

Bru D, Sarr A, pHilippot L. 2007. Relative abundances of proteobacterial membrane-bound and periplasmic nitrate reductases in selected environments[J]. Applied Environmental Microbiology, 73(18): 5971-5974.

Bruun S, El-Zahery T, Jensen L. 2009. Carbon sequestration with biochar–stability and effect on decomposition of soil organic matter[C]. IOP Conference Series: Earth and Environmental Science, IOP Publishing.

Buah W K, Cunliffe A M, Williams P T. 2007. Characterization of products from the pyrolysis of municipal solid waste[J]. Process Safety and Environmental Protection, 85(B5): 450-457.

Buckley D H, Schmidt T M. 2003. Diversity and dynamics of microbial communities in soils from agro-ecosystems[J]. Environmental Microbiology, 5(6): 441-452.

Case S D C, Mcnamara N P, Reay D S, et al. 2012. The effect of biochar addition on N_2O and CO_2 emissions from a sandy loam soil-the role of soil aeration[J]. Soil Biology and Biochemistry, 51: 125-134.

Chang Y M, Tsaia W T, Li M H. 2015. Chemical characterization of char derived from slow pyrolysis of microalgal residue[J]. Journal of Analytical and Applied Pyrolysis, 111(1): 88-93.

Chen C R, pHillips I R, Condron L M, et al. 2013. Impacts of greenwaste biochar on ammonia volatilisation from bauxite processing residue sand[J]. Plant and Soil, 367(1-2): 301-312.

Chen G, Andries J, Spliethoff H, et al. 2004. Biomass gasification integrated with pyrolysis in a circulating fluidised bed[J]. Solar Energy, 76(1-3SI): 345-349.

Chen Y, Yang H, Wang X, et al. 2012. Biomass-based pyrolytic polygeneration system on cotton stalk pyrolysis: Influence of temperature[J]. Bioresource Technology, 107: 411-418.

Cheng C H, Lehmann J. 2009. Ageing of black carbon along a temperature gradient[J]. Chemosphere, 75(8): 1021-1027.

Cheng C H, Lehmann J, Engelhard M H. 2008. Natural oxidation of black carbon in soils: Changes in molecular form and surface charge along a climosequence[J]. Geochimica et Cosmochimica Acta, 72(6): 1598-1610.

Chun Y, Sheng G Y, Chiou C T, et al. 2004. Compositions and sorptive properties of crop residue-derived chars[J]. Environmental Science & Technology, 38(17): 4649-4655.

Dai X W, Wu C Z, Li H B, et al. 2000. The fast pyrolysis of biomass in CFB reactor[J]. Energy & Fuels, 14(3): 552-557.

Daims H, Lebedeva E V, Pjevac P, et al. 2015. Complete nitrification by Nitrospira bacteria[J]. Nature, 528(7583): 504.

Daum D, Schenk M K. 1998, Influence of nutrient solution pH on N_2O and N_2 emissions from a soilless culture system[J]. Plant and Soil, 203(2): 279-288.

Debruyn J M, Nixon L T, Fawaz M N, et al. 2011. Global biogeography and quantitative seasonal dynamics of gemmatimonadetes in soil[J]. Applied and Environmental Microbiology, 77(17): 6295-6300.

Demirbas A, Arin G. 2002. An overview of Biomass pyrolysis[J]. Energy Sources, 24(5): 471-482.

Ducey T F, Ippolito J A, Cantrell K B, et al. 2013. Addition of activated switchgrass biochar to an aridic subsoil increases microbial nitrogen cycling gene abundances[J]. Applied Soil Ecology, 65: 65-72.

Edgar R C, Haas B J, Clemente J C, et al. 2011. UCHIME improves sensitivity and speed of chimera detection[J]. Bioinformatics, 27(16): 2194-2200.

Egsgaard H, Larsen E. 2009. Thermal transformation of light tar-specific routes to aromatic aldehydes and PAH: Proceedings of the 1st World Conference and Exhibition on Biomass for Energy and Industry[C].

Felber R, Leifeld J, Horak J, et al. 2014. Nitrous oxide emission reduction with greenwaste biochar: Comparison of laboratory and field experiments[J]. Journal of Environmental Quality, 65(1SI): 128-138.

Fierer, N, Schimel J P, Holden P A. 2003. Variations in microbial community composition through two soil depth profiles[J]. Soil Biology and Biochemistry, 35(1): 167-176.

Galvez A, Sinicco T, Cayuela M L, et al. 2012. Short term effects of bioenergy by-products on soil C and N dynamics, nutrient availability and biochemical properties[J]. Agriculture, Ecosystems & Environment, 160(SI): 3-14.

Ghosh S, Yeo D, Wilson B, et al. 2012. Application of char products improves urban soil quality[J]. Soil Use and Management, 28(3): 329-336.

Goldberg E D. 1985. Black carbon in the environment: Properties and distribution[J]. Environmental Science & Technology, 21: 353-354.

Gonzalez A, Penedo M, Mauris E, et al. 2010. Pyrolysis analysis of different Cuban natural fibres by TGA and GC/FTIR[J]. Biomass and Bioenergy, 34 (11): 1573-1577.

Graber E R, Harel Y M, Kolton M, et al. 2010. Biochar impact on development and productivity of pepper and tomato grown in fertigated soilless media[J]. Plant and Soil, 337(1-2): 481-496.

Grierson S, Strezov V, Ellem G, et al. 2009. Thermal characterisation of microalgae under slow pyrolysis conditions[J]. Journal of Analytical and Applied Pyrolysis, 85(1-2): 118-123.

Hossain M K, Strezov V, Chan K, et al. 2010. Agronomic properties of wastewater sludge biochar and bioavailability of metals in production of cherry tomato (Lycopersicon esculentum)[J]. Chemosphere, 78(9): 1167-1171.

Hu H, Fang Y, Liu H, et al. 2014. The fate of sulfur during rapid pyrolysis of scrap tires[J]. Chemosphere, 97: 102-107.

Jamieson T, Sager E, Guéguen C. 2014. Characterization of biochar-derived dissolved organic matter using UV-visible absorption and excitation-emission fluorescence spectroscopies[J]. Chemosphere, 103: 197-204.

Jin L J, Zhou X, He X F, et al. 2013. Integrated coal pyrolysis with methane aromatization over Mo/HZSM-5 for improving tar yield [J]. Fuel, 114(1): 187-190.

Jin H Y. 2010. Characterization of microbial life colonizing biochar and biochar amended soils [D]. Ithaca: Cornell University.

Keiluweit M, Nico P S, Johnson M G, et al. 2010. Dynamic molecular structure of plant-derived black carbon (biochar)[J]. Environmental Science & Technology, 44: 1247-1253.

Kammann C, Ratering S, Eckhard C, et al. 2012. Biochar and hydrochar effects on greenhouse gas (carbon dioxide, nitrous oxide, and methane) fluxes from soils [J]. Journal of Environment Quality, 41(4): 1052.

Kameyama K, Miyamoto T, Shiono T, et al. 2012. Influence of sugarcane bagasse-derived biochar application on nitrate leaching in calcaric dark red soil[J]. Journal of Environmental Quality,

41(4): 1131-1137.

Keith A, Singh B, Singh B P. 2011. Interactive priming of biochar and labile organic matter mineralization in a smectite-rich soil[J]. Environmental Science and Technology, 45(22): 9611-9618.

Khodadad C L M, Zimmerman A R, Green S J, et al. 2011. Taxa-specific changes in soil microbial community composition induced by pyrogenic carbon amendments[J]. Soil Biology and Biochemistry, 43(2): 385-392.

Kim K H, Kim J Y, Cho T S, et al. 2012. Influence of pyrolysis temperature on physicochemical properties of biochar obtained from the fast pyrolysis of pitch pine (Pinus rigida)[J]. Bioresour Technol, 118: 158-162.

Koo J K, Kim S W, Seo Y H. 1991. Characterization of aromatic hydrocarbon formation from pyrolysis of polyethylene polystyrene mixtures[J]. Resources Conservation and Recycling, 5(4): 365-382.

Kwapinski W, Byrne C M P, Kryachko E, et al. 2010. Biochar from Biomass and Waste[J]. Waste and Biomass Valorization, 1(2): 177-189.

Lehmann J, Gaunt J, Rondon M. 2006. Bio-char sequestration in terrestrial ecosystems-a review[J]. Mitigation and Adaptation Strategies for Global Change, 11(11): 395-419.

Lehmann J, Rillig M C, Thies J, et al. 2011. Biochar effects on soil biota-a review [J]. Soil Biology and Biochemistry, 43(9): 1812-1836.

Li M, Liu M, Li Z P, et al. 2016. Soil N transformation and microbial community structure as affected by adding biochar to a paddy soil of subtropical China[J]. Journal of Integrative Agriculture, 15(1): 209-219.

Li S, Lyons-Hart J, Banyasz J, et al. 2001. Real-time evolved gas analysis by FTIR method: An experimental study of cellulose pyrolysis[J]. Fuel, 80(12SI): 1809-1817.

Li S D, Chen X L, Wang L, et al. 2013. Co-pyrolysis behaviors of saw dust and Shenfu coal in drop tube furnace and fixed bed reactor [J]. Bioresource Technology, 148(1): 24-29.

Li S G, Xu S P, Liu S Q, et al. 2004. Fast pyrolysis of biomass in free-fall reactor for hydrogen-rich gas[J]. Fuel Processing Technology, 85(8-10): 1201-1211.

Liang B, Lehmann J, Sohi S P, et al. 2010. Black carbon affects the cycling of non-black carbon in soil[J]. Organic Geochemistry, 41(2): 206-213.

Liu J, Chen S, Ding J, et al. 2015. Sugarcane bagasse as support for immobilization of Bacillus pumilus HZ-2 and its use in bioremediation of mesotrione-contaminated soils[J]. Applied Microbiology and Biotechnology, 99(24): 10839-10851.

Liu J H, Hu H Q, Jin L J, et al. 2010. Integrated coal pyrolysis with CO_2 reforming of methane over Ni/MgO catalyst for improving tar yield[J]. Fuel Process Technology, 91(4): 419-423.

Lopez-Lozano N E, Heidelberg K B, Nelson W C, et al. 2013. Microbial secondary succession in soil microcosms of a desert oasis in the Cuatro Cienegas Basin, Mexico[J]. Peerj, 1(UNSP e47).

Major J, Rondon M, Molina D, et al. 2010. Maize yield and nutrition during 4 years after biochar application to a Colombian savanna oxisol[J]. Plant and Soil, 333(1-2): 117-128.

Marinov N M, Pitz W J, Westbrook C K, et al. 1998. Aromatic and polycyclic aromatic hydrocarbon formation in a laminar premixed n-butane flame[J]. Combustion and Flame, 114(1-2): 192-213.

Marks E A N, Mattana S, Alcañiz J M, et al. 2016. Gasifier biochar effects on nutrient availability, organic matter mineralization, and soil fauna activity in a multi-year Mediterranean trial[J]. Agriculture, Ecosystems & Environment, 215(1): 30-39.

Miranda R, Yang J, Roy C, et al. 2001. Vacuum pyrolysis of commingled plastics containing PVC - I. Kinetic study[J]. Polymer Degradation and Stability, 72(3): 469-491.

Mitchell P J, Simpson A J, Soong R, et al. 2015. Shifts in microbial community and water-extractable organic matter composition with biochar amendment in a temperate forest soil[J]. Soil Biology and Biochemistry, 81: 244-254.

Noguera D, Rondón M, Laossi K, et al. 2010. Contrasted effect of biochar and earthworms on rice growth and resource allocation in different soils[J]. Soil Biology and Biochemistry, 42(7): 1017-1027.

Oguntunde P G, Abiodun B J, Ajayi A E, et al. 2008. Effects of charcoal production on soil pHysical properties in Ghana[J]. Journal of Plant Nutrition and Soil Science-Zeitschrift Fur Pflanzenernahrung und Bodenkunde, 171(4): 591-596.

Patwardhan P R, Dalluge D L, Shanks B H, et al. 2011. Distinguishing primary and secondary reactions of cellulose pyrolysis[J]. Bioresource Technology, 102(8): 5265-5269.

Peng X, Ye L L, Wang C H, et al. 2011. Temperature- and duration-dependent rice straw-derived biochar: Characteristics and its effects on soil properties of an Ultisol in southern China[J]. Soil & Tillage Research, 112(2): 159-166.

Phan A N, Ryu C, Sharifi V N, et al. 2008. Characterisation of slow pyrolysis products from segregated wastes for energy production[J]. Journal of Analytical and Applied Pyrolysis, 81(1): 65-71.

Prommer J, Wanek W, Hofhansl F, et al. 2013. Biochar decelerates soil organic nitrogen cycling but stimulates soil nitrification in a temperate arable field trial [J]. PLoS One, 9(1): 812-813.

Purevsuren B, Avid B, Tesche B, et al. 2003. A biochar from casein and its properties[J]. Journal of Materials Science, 38(11): 2347-2351.

Qiu Y, Zheng Z, Zhou Z, et al. 2009. Effectiveness and mechanisms of dye adsorption on a straw-based biochar[J]. Bioresour Technology, 100(21): 5348-5351.

Ratcliff M A, Medley E E, Simmonds P G. 1974. Pyrolysis of amino-acids-mechanistic considerations[J]. Journal of Organic Chemistry, 39(11): 1481-1490.

Ren Q, Zhao C, Xin W, et al. 2009. TG-FTIR study on co-pyrolysis of municipal solid waste with biomass[J]. Bioresource Technology, 100(17): 4054-4057.

Ren Q, Zhao C, Wu X, et al. 2010b. Catalytic effects of Fe, Al and Si on the formation of NO(X) precursors and HCl during straw pyrolysis[J]. Journal of Thermal Analysis and Calorimetry, 99(1): 301-306.

Ren Q, Zhao C, Wu X, et al. 2010a. Formation of NOx precursors during wheat straw pyrolysis and gasification with O_2 and CO_2[J]. Fuel, 89(5): 1064-1069.

Richardson D J, Berks B C, Russell D A, et al. 2001. Functional, biochemical and genetic diversity of prokaryotic nitrate reductases[J]. Cellular and Molecular Life Sciences, 58(2): 165-178.

Samonin W, Elikova E. 2014. A study of the adsorption of bacterial cells on porous material[J]. Microbiology, 6(73): 696-701.

Singh B P, Hatton B J, Balwant S, et al. 2010. Influence of biochars on nitrous oxide emission and nitrogen leaching from two contrasting soils[J]. Journal of Environmental Quality, 39(4): 1224-1235.

Song K L, Wu Q L, Zhang Z, et al. 2015. Fabricating electrospun nanofibers with antimicrobial capability: a facile route to recycle biomass tar[J]. Fuel, 150: 123-130.

Stark C H, Condron L M, O'Callaghan M, et al. 2008. Differences in soil enzyme activities, microbial community structure and short-term nitrogen mineralisation resulting from farm management history and organic matter amendments[J]. Soil Biology and Biochemistry, 40(6): 1352-1363.

Stewart C E, Zheng J Y, Botte J, et al. 2013. Co-generated fast pyrolysis biochar mitigates green-house gas emissions and increases carbon sequestration in temperate soils [J]. Global Change Biology Bioenergy, 5(2): 153-164.

Sun H, Hockaday W C, Masiello C A, et al. 2012. Multiple controls on the chemical and pHysical structure of biochars[J]. Industrial & Engineering Chemistry Research, 51(9): 3587-3597.

Sun L S, Shi J M, Xiang J, et al. 2010. Study on the release characteristics of HCN and NH_3 during coal gasification[J]. Asia-Pacific Journal of chemical Engineering, 5(3): 403-407.

Swift M J, Heal O W, Anderson J M. Decomposition in terrestrial ecosystems [J]. Applied Physics Letters, 1979, 83(14): 2772-2774.

Teske A, Alm E, Regan J M, et al. 1994. Evolutionary relationships among ammonia-oxidizing and nitrite-oxidizing bacteria[J]. Journal of Bacteriology, 176(21): 6623-6630.

Tsubouchi N, Saito T, Ohtaka N, et al. 2013a. Chlorine release during Fixed-Bed gasification of coal chars with carbon dioxide[J]. Energy & Fuels, 27(9): 5076-5082.

Tsubouchi N, Saito T, Ohtaka N, et al. 2013b. Evolution of hydrogen chloride and change in the chlorine functionality during pyrolysis of argonne premium coal samples[J]. Energy & Fuels, 27(1): 87-96.

Uchimiya M, Lima I M, Klasson K T, et al. 2010. Contaminant immobilization and nutrient release by biochar soil amendment: Roles of natural organic matter[J]. Chemosphere, 80(8): 935-940.

Ulrich B. 1991. An ecosystem approach to soil acidification[C]//Ulrich B, Sumner M E. Soil Acidity. Berlin, Heidelberg: Springer Berlin Heidelberg: 28-79.

Vaccari F P, Baronti S, Lugato E, et al. 2011. Biochar as a strategy to sequester carbon and increase yield in durum wheat[J]. European Journal of Agronomy, 34(4): 231-238.

van Zwieten L, Singh B P, Kimber S W L, et al. 2014. An incubation study investigating the mechanisms that impact N_2O flux from soil following biochar application[J]. Agriculture, Ecosystems & Environment, 191(SI): 53-62.

Wang H, Wang L, Shahbazi A. 2015. Life cycle assessment of fast pyrolysis of municipal solid waste in North Carolina of USA[J]. Journal of Cleaner Production, 87: 511-519.

Wang P F, Jin L J, Liu J H, et al. 2013. Analysis of coal tar derived from pyrolysis at different atmospheres [J]. Fuel, 104(2): 14-21.

Xu H, Wang X, Li H, et al. 2014. Biochar impacts soil microbial community composition and nitrogen cycling in an acidic soil planted with rape[J]. Environmental Science & Technology, 48(16): 9391-9399.

Xu Y, Xie Z. 2011. The effect of biochar oldification on N_2O emission on paddy soil and red soil[J]. Biochar Research Development & Application, (54): 89.

Yang Y N, Sheng G Y. 2003. Enhanced pesticide sorption by soils containing particulate matter from crop residue burns. [J]. Environmental Science & Technology, 37(16): 3635-3639.

Yu H, Zhang Z, Li Z, et al. 2014. Characteristics of tar formation during cellulose, hemicellulose and lignin gasification[J]. Fuel, 118: 250-256.

Yuan G, Chen D, Yin L, et al. 2014. High efficiency chlorine removal from polyvinyl chloride (PVC) pyrolysis with a gas-liquid fluidized bed reactor[J]. Waste Management, 34(6SI): 1045-1050.

Yuan T, Tahmasebi A, Yu J L. 2015. Comparative study on pyrolysis of lignocellulosic and algal biomass using a thermogravimetric and a fixed-bed reactor[J]. Bioresource Technology, 175: 333-341.

Zhang A, Cui L, Pan G, et al. 2010. Effect of biochar amendment on yield and methane and nitrous oxide emissions from a rice paddy from Tai Lake plain, China[J]. Agriculture, Ecosystems & Environment, 139(4): 469-475.

Zhang A, Liu Y, Pan G, et al. 2012. Effect of biochar amendment on maize yield and greenhouse gas emissions from a soil organic carbon poor calcareous loamy soil from Central China Plain[J]. Plant & Soil, 351(1-2): 263-275.

Zhang H Y, Xiao R, Wang D H, et al. 2011. Biomass fast pyrolysis in a fluidized bed reactor under H_2、CO_2、CO, CH_4 and H_2 atmospHere [J]. Bioresource Technology, 102(5): 4258-4264.

Zhang Y, Cong J, Lu H, et al. 2014. Community structure and elevational diversity patterns of soil Acidobacteria[J]. Journal of Environmental Sciences-China, 26(8): 1717-1724.

Zhao L, Cao X D, Masek O, et al. 2013. Heterogeneity of biochar properties as a function of feedstock sources and production temperatures[J]. Journal of Hazardous Materials, 256-257: 1-9.

Zheng H, Wang Z Y, Zhao J, et al. 2013. Sorption of antibiotic sulfamethoxazole varies with biochars produced at different temperatures [J]. Environmental Pollution, 181(6): 60-67.

Zimmerman A R, Gao B, Ahn M. 2011. Positive and negative carbon mineralization priming effects among a variety of biochar-amended soils[J]. Soil Biology and Biochemistry, 43(6): 1169-1179.

附表 A　OFMSW 热解焦油的主要化学成分

化合物名称	分子式	相对含量/%			
		T500℃	T600℃	T700℃	T800℃
1,2,4-三甲基环己烷	C_9H_{18}	0.10	—	—	—
4-甲基癸烷	$C_{11}H_{24}$	0.55	—	—	—
十二烷	$C_{12}H_{26}$	0.74	—	—	—
十三烷	$C_{13}H_{28}$	0.37	—	—	—
十四烷	$C_{14}H_{30}$	0.45	—	—	—
十五烷	$C_{15}H_{32}$	0.70	0.40	0.14	0.12
十七烷	$C_{17}H_{36}$	0.55	—	—	—
2-十九烷	$C_{19}H_{40}$	0.99	—	—	—
二十四烷	$C_{24}H_{50}$	0.07	—	—	—
环戊二烯	C_5H_6	0.61	—	—	—
1-甲基-1,4-环己二烯	C_7H_{10}	0.18	0.06	—	—
2,4-二甲基-1-庚烯	C_9H_{18}	0.36	—	—	—
1-癸烯	$C_{10}H_{20}$	0.57	—	—	—
1-十一烯	$C_{11}H_{22}$	0.86	—	—	—
十一烯	$C_{11}H_{22}$	0.55	—	—	—
1-十二烯	$C_{12}H_{24}$	2.29	0.41	—	—
1H-非那烯	$C_{13}H_{10}$	—	0.85	—	—
1-十六烯	$C_{16}H_{32}$	0.45	—	—	—
十六烯	$C_{16}H_{32}$	0.35	—	—	—
苯酚	C_6H_6O	0.71	1.50	0.91	0.18
2-甲基苯酚	C_7H_8O	0.49	1.10	0.14	—
4-甲基苯酚	C_7H_8O	—	1.49		
2,3-二甲基苯酚	$C_8H_{10}O$	0.31	—	—	—
2-乙基-1-己醇	$C_8H_{18}O$	0.17	—	—	—

化合物名称	分子式	相对含量/%			
		T500℃	T600℃	T700℃	T800℃
(2,4,6-三甲基环己基)甲醇	$C_{10}H_{20}O$	0.47	—	—	—
丙酸	$C_3H_6O_2$	1.28	0.65	0.12	—
糠醛	$C_5H_4O_2$	0.64	0.37	—	—
5-甲基糠醛	$C_6H_6O_2$	0.29	—	—	—
(E)-14-十六碳醛	$C_{16}H_{32}O$	0.34	—	—	—
2-甲基-2-环戊烯-1-酮	C_6H_8O	0.28	0.13	—	—
4-甲基-3-戊烯-2-酮	$C_6H_{10}O$	—	—	—	0.09
4-羟基-4-甲基-2-戊酮	$C_6H_{12}O_2$	—	—	—	0.11
2,3-二甲基-2-环戊烯-1-酮	$C_7H_{10}O$	0.21	—	—	—
苯乙酮	C_8H_8O	0.49	0.71	—	—
2-壬酮	$C_9H_{18}O$	0.52	—	—	—
甲基辛基甲酮	$C_{10}H_{20}O$	0.51	—	—	—
2-十七烷酮	$C_{17}H_{34}O$	1.38	—	—	—
丁内酯	$C_4H_6O_2$	0.42	—	—	—
棕榈酸甲酯	$C_{17}H_{34}O_2$	0.14	0.16	—	—
1,2-苯二酸单(2-乙基)己酯	$C_{16}H_{22}O_4$	—	—	—	0.07
1,2-苯二甲基二异辛酯	$C_{24}H_{28}O_4$	0.07	—	—	—
甲苯	C_7H_8	0.15	0.12	0.37	0.06
乙苯	C_8H_{10}	1.71	0.71	0.23	—
1,3-二甲基苯	C_8H_{10}	0.72	0.29	0.31	0.07
对二甲苯	C_8H_{10}	—	0.44	—	—
苯乙烯	C_8H_8	2.3	2.21	1.52	0.84
丙基苯	C_9H_{12}	0.32	0.17	—	—
异丙基苯	C_9H_{12}	—	0.16		
2-丙烯基苯	C_9H_{10}	0.23	—		
1-甲基乙基苯	C_9H_{12}	0.61	—		
1-乙基-2-甲基苯	C_9H_{12}	0.26	0.23		
1-乙基-3-甲基苯	C_9H_{12}	0.33	0.40		
1-乙基-4-甲基苯	C_9H_{12}	—	3.04	—	—

续表

化合物名称	分子式	相对含量/%			
		T500℃	T600℃	T700℃	T800℃
1,2,3-三甲基苯	C_9H_{12}	1.22	—	—	—
1,3,5-三甲基苯	C_9H_{12}	—	0.97	0.14	—
α-甲基苯乙烯	C_9H_{10}	1.11	1.08	0.32	—
1-乙烯基-3-甲基苯	C_9H_{10}	—	2.74	0.67	0.52
1-乙烯基-4-甲基苯	C_9H_{10}	—	—	—	1.44
2-丙烯基苯	C_9H_{10}	—	—	0.11	0.07
1-乙炔基-4-甲基苯	C_9H_8	0.50	—	—	—
丁基苯	$C_{10}H_{14}$	0.40	0.17	—	—
1-甲基-2-异丙基苯	$C_{10}H_{14}$	—	0.07	—	—
1-甲基-3-丙基苯	$C_{10}H_{14}$	0.20	—	—	—
1-甲基-4-(2-丙烯基)苯	$C_{10}H_{14}$	0.59	0.35	—	—
2-乙基-1,4-二甲基苯	$C_{10}H_{14}$	—	0.16	—	—
4-乙烯基-1,2-二甲基苯	$C_{10}H_{12}$	—	0.32	—	—
2-乙烯基-1,4-二甲基苯	$C_{10}H_{12}$	—	0.11	—	—
1,3-二乙烯苯	$C_{10}H_{10}$	—	—	0.14	—
戊基苯	$C_{11}H_{16}$	0.43	—	—	—
1-甲基-4-(2-甲基丙基)苯	$C_{11}H_{16}$	0.33	—	—	—
庚基苯	$C_{13}H_{20}$	0.29	—	—	—
1-甲基-2-正己基苯	$C_{13}H_{20}$	0.12	—	—	—
辛基苯	$C_{14}H_{22}$	0.20	—	—	—
联苯	$C_{12}H_{10}$	—	1.73	5.38	2.76
联苯烯	$C_{12}H_8$	—	1.45	3.49	4.79
(1,3-二甲基丁基)苯	$C_{12}H_{18}$	0.49	—	—	—
4-甲基-1,1'-联苯	$C_{13}H_{12}$	—	0.63	1.51	
(E)-1,2-二苯乙烯	$C_{14}H_{12}$	—	0.19	—	—
4-乙烯基-1,1'-联苯	$C_{14}H_{12}$	—	—	0.13	0.72
1,3-二苯基丙烷	$C_{15}H_{16}$	1.30	0.86	0.09	0.06
1,3-二苯基丁烷	$C_{16}H_{18}$	0.24	—	—	—
3,5-二苯基-1-戊烯	$C_{17}H_{18}$	0.29	—	—	—

续表

化合物名称	分子式	相对含量/%			
		T500℃	T600℃	T700℃	T800℃
三亚苯	$C_{18}H_{12}$	—	0.35	1.47	0.19
间三联苯	$C_{18}H_{14}$	—	—	—	0.16
联三苯	$C_{18}H_{14}$	—	—	0.15	—
5′-苯基-1,1′:3′,1″-三联苯	$C_{24}H_{18}$	0.18	0.21	0.27	0.17
萘	$C_{10}H_8$	0.97	8.94	22.84	27.45
1-甲基萘	$C_{11}H_{10}$	1.22	9.60	8.75	2.76
1-乙基萘	$C_{12}H_{12}$	—	1.23	—	—
1,2-二氢-6-甲基萘	$C_{11}H_{12}$	0.31	—	—	—
1,2-二氢萘	$C_{10}H_{10}$	—	0.36	0.14	0.08
1,4-二氢萘	$C_{10}H_{10}$	0.24	—	—	—
1,3-二甲基萘	$C_{12}H_{12}$	—	0.60	0.55	0.34
2,3-二甲基萘	$C_{12}H_{12}$	—	0.54	—	0.32
2,6-二甲基萘	$C_{12}H_{12}$	0.18	1.22	—	—
2,7-二甲基萘	$C_{12}H_{12}$	0.09	2.28	0.83	0.46
2-乙烯基萘	$C_{12}H_{10}$	—	1.01	0.98	0.89
2-苯基萘	$C_{16}H_{22}$	0.34	1.50	1.55	0.07
2-苄基萘	$C_{17}H_{14}$	—	0.14	—	—
1,2′-联二萘	$C_{20}H_{14}$	—	—	—	0.16
1,1′-联二萘	$C_{20}H_{14}$	—	—	—	0.08
2,2′-联二萘	$C_{20}H_{14}$	—	—	—	0.15
蒽	$C_{14}H_{10}$	—	0.64	2.55	—
2-甲基蒽	$C_{15}H_{12}$	—	—	0.86	—
1-乙烯基蒽	$C_{16}H_{12}$	—	—	—	0.32
2-乙烯基蒽	$C_{16}H_{12}$	—	—	—	0.54
9-乙烯基蒽	$C_{16}H_{12}$	0.15	0.51	0.75	0.71
荧蒽	$C_{16}H_{10}$	—	0.35	2.09	4.78
1-甲基苯并[a]蒽	$C_{19}H_{14}$	—	—	—	0.21
苯并[e]荧蒽	$C_{20}H_{12}$	—	—	0.50	—
菲	$C_{14}H_{10}$	0.35	1.82	7.34	13.46

续表

化合物名称	分子式	相对含量/%			
		T500℃	T600℃	T700℃	T800℃
1,2-二氢菲	$C_{14}H_{12}$	—	—	0.09	0.06
2-甲基菲	$C_{15}H_{12}$	—	2.14	0.67	2.26
4H-环戊[DEF]菲	$C_{15}H_{10}$	—	0.28	—	—
3,6-二甲基菲	$C_{16}H_{14}$	—	0.09	—	—
4H-环五菲	$C_{15}H_{10}$	—	—	0.74	0.93
芴	$C_{13}H_{10}$	—	1.61	3.18	3.27
1-甲基-9H-芴	$C_{14}H_{12}$	—	—	—	0.34
2-甲基-9H-芴	$C_{14}H_{12}$	—	2.91	0.63	0.37
2,3-二甲基-9H-芴	$C_{15}H_{14}$	—	0.35	—	—
11H-苯并[b]芴	$C_{17}H_{12}$	—	0.68	1.05	1.93
二氢化茚	C_9H_{10}	0.67	0.44	0.16	—
2-甲基茚	$C_{10}H_{10}$	1.60	5.73	1.15	0.52
2-甲基-1H-茚	$C_{10}H_{11}$	—	—	0.20	—
2,3-二氢-5-甲基-1H-茚	$C_{10}H_{12}$	0.28	—	—	—
1,3-二甲基-1H-茚	$C_{11}H_{12}$	0.18	1.35	—	—
2-乙基-1H-茚	$C_{11}H_{12}$	—	0.33	—	—
2-苯基-1H-茚	$C_{15}H_{12}$	—	0.35	—	—
芘	$C_{16}H_{10}$	—	0.68	2.99	5.12
1-甲基芘	$C_{17}H_{12}$	—	0.55	1.12	0.64
3,4-二氢环戊并[c,d]芘	$C_{18}H_{12}$	—	—	—	0.54
环戊并[c,d]芘	$C_{18}H_{10}$	—	—	—	0.31
苯并[e]芘	$C_{20}H_{12}$	—	—	0.88	3.64
1,12-苯并芘	$C_{22}H_{12}$	—	—	0.23	1.07
芴	$C_{13}H_{10}$	—	—	0.56	0.40
苊	$C_{12}H_{10}$	—	—	—	0.24
菲	$C_{20}H_{12}$	—	—	—	0.18
二氢苊	$C_{12}H_{10}$	—	0.41	0.29	—
2-甲基吡啶	C_6H_7N	0.12	—	—	—
2,5-二甲基吡啶	C_7H_9N	0.22	—	—	—

续表

化合物名称	分子式	相对含量/%			
		T500℃	T600℃	T700℃	T800℃
喹啉	C_9H_7N	—	—	0.20	0.23
2,2,6,6-四甲基-4-哌啶酮	$C_9H_{15}NO_3$	—	—	—	0.08
吲哚	C_8H_7N	—	—	—	0.10
1,3,5-三甲氧基苯	$C_9H_{12}O_3$	—	—	0.09	—
2-乙酰呋喃	$C_6H_6O_2$	0.18	—	—	—
二苯并呋喃	$C_{12}H_8O$	—	—	—	0.15
1,4:3,6-二脱水-α-D-呋喃葡萄糖	$C_6H_8O_4$	—	—	0.44	—

附表 B OFMSW 热解气的主要化学成分

化合物名称	分子式	含量/ppmv				体积/mL			
		G500℃	G600℃	G700℃	G800℃	G500℃	G600℃	G700℃	G800℃
乙烷	C₂H₆	9630.00	19100.00	17510.00	17830.00	292.75	853.77	882.50	1139.34
丙烷	C₃H₈	4350.00	6740.00	3540.00	3890.00	132.24	301.28	178.42	248.57
正丁烷	C₄H₁₀	1010.00	700.00	450.00	520.00	30.70	31.29	22.68	33.23
异丁烷	C₄H₁₀	480.00	1020.00	410.00	460.00	14.59	45.59	20.66	29.39
正戊烷	C₅H₁₂	2560.00	1970.00	1550.00	1820.00	77.82	88.06	78.12	116.30
乙烯	C₂H₄	6100.00	18830.00	22480.00	23730.00	841.70	1132.99	1516.35	841.70
丙烯	C₃H₆	11620.00	23580.00	19630.00	20600.00	1054.03	989.35	1316.34	1054.03
丙二烯	C₃H₄	0.00	20.00	50.00	50.00	0.00	0.89	2.52	3.20
2-甲基-1-丙烯	C₄H₈	6700.00	14770.00	8520.00	9120.00	203.68	660.22	429.41	582.77
顺丁烯	C₄H₈	420.00	1190.00	760.00	850.00	12.77	53.19	38.30	54.32
反丁烯	C₄H₈	2170.00	3240.00	2280.00	2520.00	65.97	144.83	114.91	161.03
1-戊烯	C₅H₁₀	950.00	1080.00	860.00	980.00	28.88	48.28	43.34	62.62
环戊烯	C₅H₈	100.00	310.00	340.00	400.00	3.04	13.86	17.14	25.56
2-戊烯	C₅H₁₀	340.00	710.00	530.00	610.00	10.34	31.74	26.71	38.98
戊烯异构体	C₅H₁₀	460.00	1940.00	1520.00	1660.00	13.98	86.72	76.61	106.07
戊烯异构体	C₅H₁₀	180.00	650.00	500.00	570.00	5.47	29.06	25.20	36.42
2-甲基-1-丁烯	C₅H₁₀	140.00	240.00	150.00	170.00	4.26	10.73	7.56	10.86
1,4-戊二烯	C₅H₈	510.00	1430.00	1610.00	1910.00	15.50	63.92	81.14	122.05
戊二烯异构体	C₅H₈	120.00	1120.00	1680.00	2090.00	3.65	50.06	84.67	133.55
戊二烯异构体	C₅H₈	40.00	320.00	360.00	390.00	1.22	14.30	18.14	24.92
戊二烯异构体	C₅H₈	30.00	210.00	240.00	260.00	0.91	9.39	12.10	16.61
戊二烯异构体	C₅H₈	40.00	70.00	70.00	70.00	1.22	3.13	3.53	4.47
戊二烯异构体	C₅H₈	30.00	50.00	120.00	60.00	0.91	2.24	6.05	3.83
己烯	C₆H₁₂	190.00	280.00	350.00	440.00	5.78	12.52	17.64	28.12
己烯异构体	C₆H₁₂	310.00	410.00	480.00	610.00	9.42	18.33	24.19	38.98

续表

化合物名称	分子式	含量/ppmv				体积/mL			
		G500℃	G600℃	G700℃	G800℃	G500℃	G600℃	G700℃	G800℃
己烯异构体	C_6H_{12}	20.00	0.00	80.00	200.00	0.61	0.00	4.03	12.78
乙炔	C_2H_2	10.00	30.00	70.00	110.00	0.30	1.34	3.53	7.03
丙炔	C_3H_4	10.00	40.00	80.00	80.00	0.30	1.79	4.03	5.11
二氧化碳	CO_2	570.00	690.00	760.00	860.00	17.33	30.84	38.3	54.95
羰基硫	COS	10.00	20.00	20.00	10.00	0.3	0.89	1.01	0.64
硫化氢	H_2S	150.00	370.00	410.00	440.00	4.56	16.54	20.66	28.12
甲硫醇	CH_4S	120.00	90.00	110.00	120.00	3.65	4.02	5.54	7.67
氯甲烷	CH_3Cl	180.00	180.00	190.00	200.00	5.47	8.05	9.58	12.78
氯乙烯	C_2H_3Cl	10.00	80.00	80.00	70.00	0.3	3.58	4.03	4.47
氯乙烷	C_2H_5Cl	40.00	20.00	30.00	20.00	1.22	0.89	1.51	1.28
乙醛	C_2H_4O	140.00	120.00	120.00	130.00	4.26	5.36	6.05	8.31
丙醛	C_3H_6O	50.00	70.00	400.00	0.00	1.52	3.13	20.16	0
2-甲基呋喃	C_5H_6O	90.00	210.00	420.00	620.00	2.74	9.39	21.17	39.62

附表C 缩略词注释表

缩写	英文全称	中文全称
CN	carbon neutralization	碳中和
CP	carbon peak	碳达峰
PE	poly ethylene	聚乙烯
PVC	polyvinyl chloride	聚氯乙烯
PS	poly styrene	聚苯乙烯
DTG	differential thermogravimetric	微分热重
TGA	thermal gravity analysis	热重分析
FTIR	fourier transform infrared spectroscopy	傅里叶变换红外光谱
OFMSW	organic fraction of municipal solid waste	城镇有机生活垃圾
MSW	municipal solid waste	城镇固体废物
SOM	soil organic matter	土壤有机质
SOC	soil organic carbon	土壤有机碳
CEC	cation exchange capacity	阳离子交换能力
GC-MS	gas chromatography-mass spectrometer	气相色谱-质谱联用仪
XPS	X-ray pHotoelectron spectroscopy	X射线光电子能谱
PAHs	polycyclic aromatic hydrocarbons	多环芳香烃
ppmv	parts per million by volume	按体积计算百万分之一
TCD	thermal conductivity detector	热传导检测器
FID	flame ionization detector	火焰离子化检测器
ECD	electron capture detector	电子捕获检测器
DNA	deoxyribose nucleic acid	脱氧核糖核酸
PCR	polymerase chain reaction	聚合酶链反应
OTU	operational taxonomic units	分类单元
TRFLP	terminal restriction fragment length polymorphism	末端限制性片段长度多态性分析
CCA	canonical correspondence analysis	典范对应分析
RDA	redundancy analysis	冗余分析

致 谢

我开始撰写本书以来，就得到了彭绪亚教授的悉心指导。彭绪亚先生作为环境科学领域的著名专家不断地给予我鼓励，我也经常向彭先生请教，就一些疑点和问题进行探讨。非常感谢彭绪亚先生，他总是不遗余力地对我耳提面授和释疑解惑，这既增加了我撰写好本书稿的勇气，又使我对相关领域的研究重点、研究逻辑，以及实验设计等方面，有了更为清楚的认知，从而使我在本书撰写过程中少走了不少弯路，这无疑对本书的完善给予了很大的助力。

刘国涛老师作为彭先生的早期弟子，也是我的同乡加师友，在我准备本书期间，他给予了我诸多的帮助和关心。尤其是在本书撰写过程中，我也经常向其请教，他总是耐心给我指导，可以说收获太多，在此表示特别的感谢！

非常感谢其他师兄弟（妹），包括李蕾、何清明、何琴、罗亭、金晓静、高雪、唐利兰、谢梦佩、刘梅等。在本书的撰写过程中，我得到了他们给予的无私帮助。在此，还特别感谢我的学生王芳，她在资料的搜集方面做了不少工作。对他们的帮助一并表示诚挚的感谢！

在准备本书的过程中，由于学习的需要，我自己发表了一些论文，其间请教了不少老师和学长，这使我顺利地在期刊上发表论文。在此，对教育过我、帮助过我的各位师长，致以深深的谢意！

这里，还必须深深感谢董梦杭先生，梦杭先生对本书进行了认真阅读并提出了十分宝贵的意见，还积极帮助联系相关出版事宜，没有她的指导与鼓励，我很难将之付梓，在此再次表达我的诚挚谢意。

本书在相关领域的研究同时得到重庆市自然科学基金重点项目的资助，在此表示感谢！

张尚毅

2022 年初夏于南岸校区